中等职业教育
改革创新
系 列 教 材

Office
办公软件应用

慕课版

U0191471

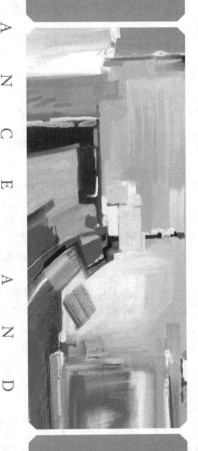

**李傲寒 王冬梅
左菁华**

主编

**沈晓燕 尚志鑫
刘曦明**

副主编

人民邮电出版社
北 京

图书在版编目（CIP）数据

Office办公软件应用 ：慕课版 / 李傲寒，王冬梅，
左菁华主编. -- 北京 ：人民邮电出版社，2023.6
中等职业教育改革创新系列教材
ISBN 978-7-115-61332-5

Ⅰ. ①O… Ⅱ. ①李… ②王… ③左… Ⅲ. ①办公自
动化－应用软件－中等专业学校－教材 Ⅳ. ①TP317.1

中国国家版本馆CIP数据核字(2023)第040851号

内 容 提 要

本书主要介绍 Office 2016 的 3 个主要组件 Word、Excel 和 PowerPoint 在行政管理、财务会计、采购管理、市场营销和电子商务等方面的应用。本书以工作情境为导向开展实操教学，涉及"会议通知"文档、"公司活动简报"文档、"往来对账单"表格、"员工工资表"表格、"采购工作总结"演示文稿、"仓库安全管理"演示文稿、"产品推广策划"文档、"产品销售明细表"表格、"新品上市营销策略"演示文稿、"电商节日活动策划方案"文档、"直播电商成交额数据"表格、"农村电商分析"演示文稿等办公文档的制作。

本书可作为中等职业院校电子商务、市场营销等电商和经管类专业及其他相关专业的教材，也可作为办公人员和对办公软件有浓厚兴趣的广大读者的参考书。

◆ 主　　编　李傲寒　王冬梅　左菁华
　　副 主 编　沈晓燕　尚志鑫　刘曦明
　　责任编辑　白　雨
　　责任印制　王　郁　彭志环
◆ 人民邮电出版社出版发行　　　北京市丰台区成寿寺路 11 号
　　邮编　100164　电子邮件　315@ptpress.com.cn
　　网址　https://www.ptpress.com.cn
　　北京市艺辉印刷有限公司印刷
◆ 开本：787×1092　1/16
　　印张：13　　　　　　　　　　2023 年 6 月第 1 版
　　字数：227 千字　　　　　　　2023 年 6 月北京第 1 次印刷

定价：42.00 元
读者服务热线：(010)81055256　印装质量热线：(010)81055316
反盗版热线：(010)81055315
广告经营许可证：京东市监广登字 20170147 号

FOREWORD

前　言

"教育、科技、人才是全面建设社会主义现代化国家的基础性、战略性支撑。"党的二十大报告将科教兴国战略、人才强国战略、创新驱动发展战略三位一体系统集成、统筹部署，为我们在全面建设社会主义现代化国家新征程上加快建设教育强国、科技强国、人才强国指明了前进方向。

职业教育是国民教育体系和人力资源开发的重要组成部分，肩负着培养多样化人才、传承技术与技能、促进就业与创业的重要职责。随着经济的发展，国家对技能型人才的需求越来越大，推动着中等职业教育一步步改革。本书立足于中等职业教育的教学需求，结合岗位技能要求，采用"项目任务式"结构，以实操的方式介绍Office办公软件的相关理论知识和操作技能。本书具有以下特点。

1. 采用"项目任务式"结构

本书采用"项目任务式"结构，符合中等职业教育对技能型人才的培养要求和国家对教材改革的要求，体现如下。

- **流程清晰**。本书结合职场中的常见情境，将Office办公软件的相关知识融入其中，由浅入深地进行讲解，流程清晰，能够帮助读者将办公软件的相关知识融会贯通，给予读者职业上的指导。
- **任务明确**。每个项目开始都通过"职场情境"给出了具体的任务要求，并对任务进行分解，每个任务通过"任务描述"明确为什么要完成该任务，再通过"任务实施"中的各项活动完成任务。
- **步骤连贯**。本书内容清晰、步骤连贯，且配有图片和说明性图注，可以帮助读者清楚地了解完成任务的每个步骤，使读者能够根据相关步骤准确、高效地完成任务。
- **注重实操**。本书将重点放在实际操作上，可引导读者按操作步骤进行实操。

2. 内容生动有趣

本书以职场中的实际工作场景展开，以新员工刚进入公司实习的情境引入各项目，有助于读者了解相关知识在实际工作中的应用情况。书中设置的情境及人物介绍如下。

公司：江苏松达运营有限公司成立于2021年，是一家以网店运营、网络推广等业务为主的运营公司，能够为中小企业提供一站式的运营管理服务。该公司根据服务业务的不同，划分出了综合管理部、销售部、企划部、市场部、运营部、采购部等部门。

人物：小艾——综合管理部实习生；李经理——综合管理部经理，是小艾的直属上司及职场引路人。

3. 板块丰富，融入素质教育

本书在板块设计上注重培养读者的思考能力和动手能力，努力做到"学思用贯通"与"知信行统一"相融合，文中穿插的板块如下。

- **知识窗**。重点讲解理论知识，丰富读者所学内容。
- **经验之谈**。对书中知识进行说明、补充和扩展，能够拓宽读者的知识面。

4. 配套资源丰富

本书配备了PPT课件、电子教案、教学大纲、练习题库、素材文件、精美视频等丰富的教学资源，教师可以登录人邮教育社区（www.ryjiaoyu.com）下载并获取相关资源。

本书由李傲寒、王冬梅、左菁华担任主编，沈晓燕、尚志鑫、刘曦明担任副主编，参与本书编写的还有顾倩、丁玮、刘威和丁伟。由于编者水平有限，书中难免存在不足之处，敬请广大读者批评指正。

编　者

2023年3月

CONTENTS

目　录

模块一　行政管理

项目一　制作"会议通知"文档 …… 1

任务一　新建文档 ………………………… 3
　　活动一　启动Word 2016并输入文本 … 3
　　活动二　保存"会议通知"文档 ……… 4
任务二　编辑文档 ………………………… 5
　　活动一　编辑会议通知文本 …………… 5
　　活动二　设置会议通知的字体格式 … 8
　　活动三　设置会议通知的段落格式 … 9
　　活动四　加密会议通知文档 …………… 12
技能提升 …………………………………… 13
同步实训 …………………………………… 13
　　实训一　制作"感谢信"文档 ………… 13
　　实训二　制作"会议纪要"文档 ……… 14

项目二　制作"公司活动简报"文档 …… 16

任务一　设计简报版式 …………………… 18
　　活动一　调整页面大小 ………………… 18
　　活动二　设置页面背景 ………………… 19
任务二　丰富简报内容 …………………… 21
　　活动一　插入艺术字 …………………… 21
　　活动二　插入形状和文本框 …………… 22
　　活动三　分栏排版文档 ………………… 25
　　活动四　插入图片 ……………………… 26
　　活动五　打印文档 ……………………… 29

技能提升 …………………………………… 29
同步实训 …………………………………… 30
　　实训一　制作"个人名片"文档 ……… 30
　　实训二　制作"公益宣传海报"
　　　　　　文档 ………………………… 31

模块二　财务会计

项目三　制作"往来对账单"表格 … 32

任务一　创建往来对账单 ………………… 34
　　活动一　新建工作簿 …………………… 34
　　活动二　输入对账单的表头文本 …… 36
　　活动三　批量录入序号 ………………… 37
任务二　快速美化往来对账单 …………… 39
　　活动一　一键美化往来对账单 ……… 39
　　活动二　调整对账单的行高和
　　　　　　列宽 ………………………… 41
　　活动三　复制和重命名工作表 ……… 42
技能提升 …………………………………… 44
同步实训 …………………………………… 44
　　实训一　制作"客户收款预算表"
　　　　　　表格 ………………………… 44
　　实训二　制作"收支明细表"表格 …… 45

项目四　制作"员工工资表"表格 … 47

任务一　美化工资表 ……………………… 48

活动一　设置数据格式⋯⋯⋯⋯⋯49
活动二　设置单元格格式⋯⋯⋯⋯50
活动三　使用条件格式⋯⋯⋯⋯⋯51
任务二　计算工资表中的数据⋯⋯⋯ 54
活动一　使用公式⋯⋯⋯⋯⋯⋯⋯54
活动二　使用逻辑函数IF()⋯⋯⋯55
活动三　使用求和函数SUM()⋯⋯56
活动四　使用最大值函数MAX()⋯57
活动五　使用平均值函数AVERAGE()
和最小值函数MIN()⋯58
技能提升⋯⋯⋯⋯⋯⋯⋯⋯⋯⋯⋯ 59
同步实训⋯⋯⋯⋯⋯⋯⋯⋯⋯⋯⋯ 59
实训一　制作"固定资产明细表"
表格⋯⋯⋯⋯⋯⋯⋯⋯⋯60
实训二　制作"应收账款明细表"
表格⋯⋯⋯⋯⋯⋯⋯⋯⋯60

模块三　采购管理

项目五　制作"采购工作总结"演示文稿⋯⋯⋯⋯⋯62

任务一　设计演示文稿框架⋯⋯⋯⋯ 64
活动一　根据模板创建演示文稿⋯⋯64
活动二　删除不需要的幻灯片⋯⋯⋯66
任务二　创建与编辑幻灯片中的文本⋯ 67
活动一　在文本占位符中输入文本⋯67
活动二　设置文本格式⋯⋯⋯⋯⋯68
活动三　查找与替换文本⋯⋯⋯⋯69
任务三　设置幻灯片中的段落格式⋯ 71
活动一　设置段落的对齐方式⋯⋯⋯71
活动二　设置段落的缩进与行距⋯⋯72
活动三　设置编号和项目符号⋯⋯⋯72
任务四　保存演示文稿⋯⋯⋯⋯⋯⋯ 74
技能提升⋯⋯⋯⋯⋯⋯⋯⋯⋯⋯⋯ 75

同步实训⋯⋯⋯⋯⋯⋯⋯⋯⋯⋯⋯ 75
实训一　制作"采购管理"演示
文稿⋯⋯⋯⋯⋯⋯⋯⋯⋯75
实训二　制作"供应链管理"演示
文稿⋯⋯⋯⋯⋯⋯⋯⋯⋯76

项目六　制作"仓库安全管理"演示文稿⋯⋯⋯⋯⋯78

任务一　设计演示文稿主题⋯⋯⋯⋯ 80
活动一　应用内置主题⋯⋯⋯⋯⋯80
活动二　自定义主题颜色和字体⋯⋯81
活动三　保存当前主题⋯⋯⋯⋯⋯83
任务二　补充幻灯片内容⋯⋯⋯⋯⋯ 83
活动一　在幻灯片中输入文本内容⋯84
活动二　在幻灯片中插入形状⋯⋯⋯85
活动三　在幻灯片中插入图片⋯⋯⋯87
活动四　在幻灯片中插入SmartArt
图形⋯⋯⋯⋯⋯⋯⋯⋯⋯89
活动五　在幻灯片中插入表格⋯⋯⋯90
技能提升⋯⋯⋯⋯⋯⋯⋯⋯⋯⋯⋯ 91
同步实训⋯⋯⋯⋯⋯⋯⋯⋯⋯⋯⋯ 91
实训一　制作"货物运输管理制度"
演示文稿⋯⋯⋯⋯⋯⋯⋯92
实训二　制作"物料装卸管理规定"
演示文稿⋯⋯⋯⋯⋯⋯⋯93

模块四　市场营销

项目七　制作"产品推广策划"文档⋯⋯95

任务一　使用样式排版⋯⋯⋯⋯⋯⋯ 96
活动一　新建"我的正文"样式⋯⋯97
活动二　修改内置的标题样式⋯⋯⋯99
活动三　应用设置好的样式⋯⋯⋯100

任务二　插入"产品报价单"表格 ····· 102

活动一　创建表格 ···········102

活动二　合并单元格 ·········104

活动三　输入并编辑表格内容 ···105

活动四　美化表格 ···········105

任务三　插入页码 ············· 106

活动一　添加页码 ···········107

活动二　设置页码格式 ·······107

活动三　在同一文档中设置多重页码

格式 ···············108

技能提升 ···················· 109

同步实训 ···················· 109

实训一　制作"产品购销合同"

文档 ···············109

实训二　制作"产品使用手册说明"

文档 ···············110

项目八　**分析"产品销售
明细表"
表格 ···········112**

任务一　创建销售明细表数据 ····· 114

活动一　计算表格中的数据 ···114

活动二　使用VLOOKUP()函数 ···114

任务二　排序销售明细表 ········ 115

活动一　自动排序 ···········116

活动二　自定义排序 ·········116

任务三　汇总销售明细表 ········ 117

活动一　按部门业绩汇总 ·····118

活动二　按产品名称汇总 ·····118

任务四　插入图表 ············· 119

活动一　创建图表 ···········120

活动二　移动图表 ···········120

活动三　更改数据源区域 ·····122

活动四　添加图表元素 ·······123

活动五　设置图表格式 ·······125

技能提升 ···················· 126

同步实训 ···················· 126

实训一　分析"销售业绩表"

表格 ···············127

实训二　分析"产品销售统计表"

表格 ···············128

项目九　**制作"新品上市
营销策略"演示
文稿 ···········129**

任务一　为幻灯片添加切换效果 ······· 130

活动一　添加切换效果 ·······131

活动二　更改切换效果的效果

选项 ···············131

活动三　设置切换方式和持续

时间 ···············132

活动四　为切换效果添加声音 ···133

任务二　为幻灯片添加动画效果 ··· 133

活动一　添加进入动画 ·······133

活动二　添加强调动画 ·······134

活动三　调整动画的播放顺序 ···136

活动四　添加退出动画 ·······137

任务三　插入多媒体文件 ········ 138

活动一　插入音频文件 ·······138

活动二　插入视频文件 ·······140

任务四　共享演示文稿 ·········· 142

活动一　将演示文稿保存到

OneDrive中 ·········142

活动二　通过电子邮件共享 ···143

技能提升 ···················· 145

同步实训 ···················· 145

实训一　制作"销售季度汇报"演示

文稿 ···············145

实训二　制作"2023年下半年销售

计划"演示文稿 ·········146

模块五　电子商务

项目十　制作"电商节日活动策划方案"文档 ⋯⋯⋯⋯ 148

任务一　插入封面和创建目录 ⋯⋯⋯⋯⋯ 149
　　活动一　插入封面 ⋯⋯⋯⋯⋯ 150
　　活动二　创建目录 ⋯⋯⋯⋯⋯ 152
任务二　设置页眉和页脚 ⋯⋯⋯⋯⋯ 152
　　活动一　添加页眉和页脚 ⋯⋯⋯⋯⋯ 153
　　活动二　为奇数页、偶数页创建不同
　　　　　　的页眉和页脚 ⋯⋯⋯⋯⋯ 154
任务三　批注文档 ⋯⋯⋯⋯⋯ 155
　　活动一　添加批注 ⋯⋯⋯⋯⋯ 155
　　活动二　修订文档 ⋯⋯⋯⋯⋯ 157
任务四　检查并更正文档 ⋯⋯⋯⋯⋯ 159
技能提升 ⋯⋯⋯⋯⋯ 160
同步实训 ⋯⋯⋯⋯⋯ 161
　　实训一　制作"电商人员入职培训
　　　　　　方案"文档 ⋯⋯⋯⋯⋯ 161
　　实训二　制作"电商人员薪酬制度"
　　　　　　文档 ⋯⋯⋯⋯⋯ 162

项目十一　分析"直播电商成交额数据"表格 ⋯⋯⋯⋯ 163

任务一　数据的获取 ⋯⋯⋯⋯⋯ 165
　　活动一　导入数据 ⋯⋯⋯⋯⋯ 165
　　活动二　清理数据 ⋯⋯⋯⋯⋯ 167
　　活动三　编辑数据 ⋯⋯⋯⋯⋯ 168
任务二　美化工作表 ⋯⋯⋯⋯⋯ 169
　　活动一　新建单元格样式 ⋯⋯⋯⋯⋯ 169
　　活动二　使用新建的单元格样式 ⋯⋯ 172

任务三　分析表格数据 ⋯⋯⋯⋯⋯ 172
　　活动一　使用COUNTIF()函数 ⋯⋯ 173
　　活动二　筛选数据 ⋯⋯⋯⋯⋯ 174
　　活动三　创建和编辑数据透视表 ⋯⋯ 175
　　活动四　创建和编辑数据透视图 ⋯⋯ 177
技能提升 ⋯⋯⋯⋯⋯ 179
同步实训 ⋯⋯⋯⋯⋯ 179
　　实训一　分析"网店业绩表"表格 ⋯⋯ 179
　　实训二　分析"客户订单记录统计表"
　　　　　　表格 ⋯⋯⋯⋯⋯ 180

项目十二　制作"农村电商分析"演示文稿 ⋯⋯⋯⋯ 182

任务一　设置幻灯片母版 ⋯⋯⋯⋯⋯ 184
　　活动一　设置母版文本的字体格式 ⋯ 184
　　活动二　设置页眉和页脚 ⋯⋯⋯⋯⋯ 186
　　活动三　设置母版背景 ⋯⋯⋯⋯⋯ 187
任务二　使用母版 ⋯⋯⋯⋯⋯ 188
任务三　放映幻灯片 ⋯⋯⋯⋯⋯ 190
　　活动一　排练计时 ⋯⋯⋯⋯⋯ 190
　　活动二　设置幻灯片放映方式 ⋯⋯⋯ 191
　　活动三　在放映过程中添加注释 ⋯⋯ 193
任务四　导出演示文稿 ⋯⋯⋯⋯⋯ 194
　　活动一　打包演示文稿 ⋯⋯⋯⋯⋯ 194
　　活动二　输出为PDF文档 ⋯⋯⋯⋯⋯ 195
　　活动三　输出为Word文档 ⋯⋯⋯⋯ 195
　　活动四　输出为视频文件 ⋯⋯⋯⋯⋯ 196
任务五　打印幻灯片 ⋯⋯⋯⋯⋯ 197
技能提升 ⋯⋯⋯⋯⋯ 198
同步实训 ⋯⋯⋯⋯⋯ 198
　　实训一　制作"市场与竞争分析报告"
　　　　　　演示文稿 ⋯⋯⋯⋯⋯ 198
　　实训二　制作"农产品电商运营"
　　　　　　演示文稿 ⋯⋯⋯⋯⋯ 199

模块一
行政管理

项目一 制作"会议通知"文档

职场情境

　　小艾是某中等职业学校电子商务专业的学生,由于在校期间成绩优异,专业知识过硬,所以,她在未毕业时就获得了江苏松达运营有限公司(以下简称"松达运营")提供的实习机会。今天是小艾实习生涯的第一天,她被安排到松达运营的综合管理部,负责协助各部门开展公司的日常管理工作,该部门的经理李经理(以下简称"李经理")负责小艾的工作安排。

　　为了帮助小艾尽快适应岗位,李经理带小艾熟悉了办公环境,并向她简要介绍了主要的工作内容和职责。在李经理的带领下,小艾很快就了解了工作职责和要求,并开始执行李经理为她安排的第一项工作——制作"会议通知"文档。

学习目标

知识目标
（1）掌握新建文档和编辑文档的相关知识。
（2）熟悉美化文档的相关操作。

技能目标
（1）能够熟练使用 Word 编排简单的文档。
（2）能够使用基本的编排技巧制作精美的文档。

素养目标
（1）培养创新精神，增强自主学习能力。
（2）提高审美能力和文字表达能力。

案例效果

江苏松达运营有限公司

会议通知

各分公司：

为贯彻市政府安全工作会议精神，研究落实我公司安全生产事宜，总公司决定召开 2023 年度安全生产工作会议，现将有关事项通知如下。

一、会议时间

2023 年 3 月 3 日上午 10 点。

二、会议地点

新华宏业大酒店 10 楼 1012 会议厅（大安区新华路 12 号）。

三、会议内容

议程一：研究讨论安全生产相关事宜。

议程二：任命安全管理责任人。

议程三：完善安全生产管理制度。

四、参会人员

各车队队长，物流管理人员。

会议内容很重要，请与会人员准时出席。

特此通知。

松达运营综合管理部

2023 年 2 月 20 日

任务一　新建文档

👤 任务描述

　　小艾第一次制作通知类型的文档，对文档的内容和格式要求都不太明白，为了避免出错，小艾主动寻求李经理的帮助。李经理细心地向小艾介绍了公司常用的通知类型的文档的一般格式，主要包括会议时间、会议地点、会议内容和参会人员4部分。了解清楚后，小艾就开始了文档的制作工作。

👤 任务实施

👤 活动一　启动Word 2016并输入文本

　　小艾先启动 Word 2016，然后手动录入具体的通知内容，并在该过程中确保录入文本的正确性，最后以"会议通知"为名将文档保存到计算机中。

1. 启动 Word 2016

　　启动 Word 2016 的方法有多种，如利用"开始"菜单启动、通过快捷图标启动、通过现有文档启动等，小艾选择利用"开始"菜单来启动 Word，具体操作如下。

微课视频

启动 Word 2016

　　步骤 01 成功进入Windows操作系统后，单击桌面左下角的"开始"按钮⊞，在弹出的"开始"菜单中选择"Word 2016"选项。

　　步骤 02 启动Word 2016，在打开的界面中选择"空白文档"选项，系统将新建一个以"文档1"为名的空白文档。

💡 知识窗

　　Word 2016 的操作界面由标题栏、功能区、文档编辑区和状态栏等部分组成，如图 1-1 所示。其中，最常用的便是功能区和文档编辑区。功能区是所有工具按钮与参数选项的集合，它由若干个功能选项卡组成，每个选项卡中又包含若干个设置组，通过功能区可以实现对文档的各种设置操作。文档编辑区是编辑文档和设置文本内容的区域，其中不断闪烁的短竖线称为文本插入点，当其闪烁时，便可在相应的位置输入需要的文本内容。

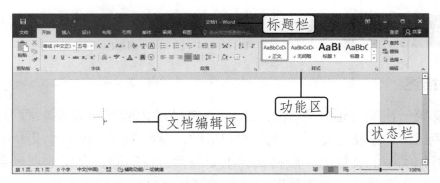

图1-1　Word 2016的操作界面

知识窗

2. 输入文本

小艾根据李经理提供的会议通知信息，在新建的空白文档中录入通知内容，具体操作如下。

步骤 01 在Word文档编辑区中单击输入标题文本"会议通知"，如图1-2所示。

步骤 02 按【Enter】键换行后，输入会议通知中剩余的文本内容（配套资源：\素材\项目一\会议内容.txt），如图1-3所示。

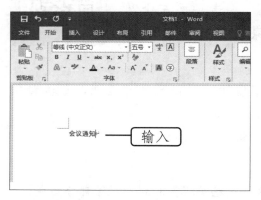

图1-2　输入标题文本

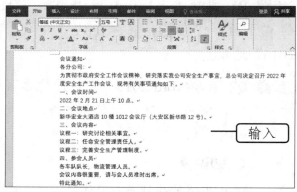

图1-3　输入剩余的文本内容

👤 活动二　保存"会议通知"文档

完成文本录入操作后，李经理提醒小艾要及时保存文档，以防数据丢失，具体操作如下。

步骤 01 按【Ctrl+S】组合键或选择【文件】/【保存】命

令，打开"另存为"界面，选择"浏览"选项，如图1-4所示。

步骤 02 在打开的"另存为"对话框中设置文档保存的位置，输入文件名（如"会议通知"），保存类型一般选择默认的"Word文档"类型，单击 保存(S) 按钮，如图1-5所示。

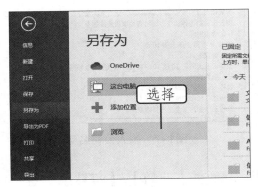

图1-4　选择"浏览"选项

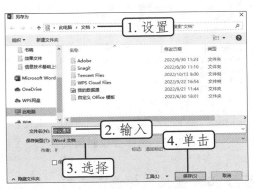

图1-5　设置"另存为"对话框中的参数

任务二　编辑文档

任务描述

李经理告诉小艾，录入文本仅仅是编辑文档的第一步，接下来还需要对文档中的文本内容进行检查和修改，并对字体格式、段落格式等进行设置，这样才能制作出一份完整且美观的会议通知文档。

任务实施

活动一　编辑会议通知文本

正在编辑会议通知文本的小艾突然接到通知，需要将会议时间调整为3月3日。小艾立即修改了会议时间，并适当完善了会议内容，同时检查并修改了文字错误，具体操作如下。

步骤 01 拖曳鼠标选择会议时间文本"2月21日"，如图1-6所示，重新输入会议时间"3月3日"。

微课视频

编辑会议通知文本

5

步骤 02 将文本插入点定位至标题行的起始位置，按【Enter】键换行，重新将文本插入点定位至第1行中，输入公司名称"江苏松达运营有限公司"，如图1-7所示。

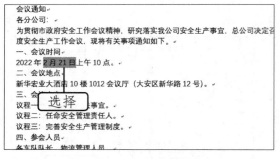

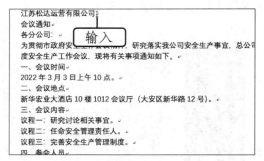

图1-6　选择会议时间文本　　　　　　　　图1-7　输入公司名称

步骤 03 拖曳鼠标选择文本"安全生产"，单击【开始】/【剪贴板】组中的"复制"按钮，或按【Ctrl+C】组合键复制文本，如图1-8所示。

步骤 04 将文本插入点定位到文本"讨论"的后面，单击【开始】/【剪贴板】组中的"粘贴"按钮，或按【Ctrl+V】组合键粘贴文本，如图1-9所示。

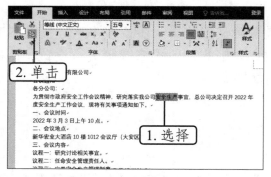

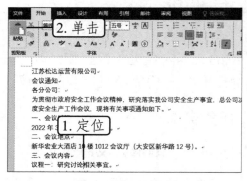

图1-8　复制文本　　　　　　　　　　图1-9　粘贴文本

步骤 05 在【开始】/【编辑】组中单击"替换"按钮，如图1-10所示。

步骤 06 打开"查找和替换"对话框中的"替换"选项卡，在"查找内容"文本框中输入"2022"，在"替换为"文本框中输入"2023"，单击 全部替换(A) 按钮，如图1-11所示。

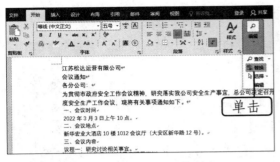

图1-10 单击"替换"按钮

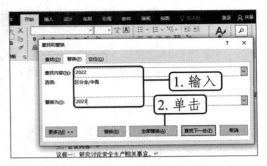

图1-11 输入要查找和替换的内容

步骤 07 完成文本替换操作后，单击"查找和替换"对话框中的"关闭"按钮 ⊠ 。

步骤 08 返回操作界面，将文本插入点定位至最后一个段落的末尾，按两次【Enter】键，分别输入通知出处和通知发布时间，效果如图1-12所示。

图1-12 完善会议通知内容

💡 **知识窗**

在 Word 文档中，除了可以拖曳鼠标选择任意文本外，还可以选择整句文本、选择一行文本、选择多行文本等，方法如下。

- **选择整句文本**：按住【Ctrl】键在段落中单击，可快速选择单击处的整句文本。
- **选择一行文本**：将鼠标指针移至版心左侧，当其变为 形状时，单击即可选择鼠标指针指向的整行文本。
- **选择多行文本**：将鼠标指针移至版心左侧，当其变为 形状时，按住鼠标左键垂直向上或向下拖动鼠标便可以选择连续的多行文本。

💡 **知识窗**

🧑 活动二　设置会议通知的字体格式

小艾仔细检查了会议通知的内容，确认无误后，对会议通知的字体格式进行设置，具体操作如下。

微课视频

设置会议通知的字体格式

步骤 01 将鼠标指针移至第1段文本的最左侧，当其变为 ⬜ 形状时单击，选择整段文本，在【开始】/【字体】组中的"字体"下拉列表中选择"华文中宋"选项，在"字号"下拉列表中选择"小初"选项，如图1-13所示。

步骤 02 保持第1段文本的选中状态，在【开始】/【字体】组中单击"字体颜色"按钮 🅰 右侧的下拉按钮 ⌄，在弹出的下拉列表中选择"标准色"栏中的"红色"选项，如图1-14所示。

✏️ **经验之谈**

选择要设置字体格式的文本后，按【Ctrl+D】组合键，可打开"字体"对话框，其中包括"字体"和"高级"两个选项卡。在"字体"选项卡中，可以对所选文本的字体、字号、字形、字体颜色以及下划线等进行设置；在"高级"选项卡中，则可以对所选文本的缩放比例、间距大小和位置等进行设置。

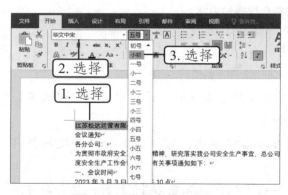

图1-13　设置字体和字号

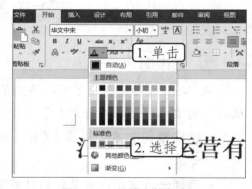

图1-14　设置字体颜色

步骤 03 选择第2段文本，在【开始】/【字体】组中的"字体"下拉列表中选择"华文中宋"选项，在"字号"下拉列表中选择"一号"选项，如图1-15所示。

步骤 04 选择除公司名称和会议标题外的所有文本内容，在【开始】/【字体】组中，将字体格式设置为"仿宋"，将字号大小设置为"四号"，如图1-16所示。

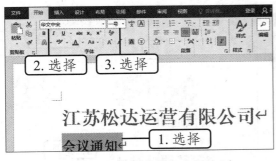

图1-15 设置字体和字号（1）

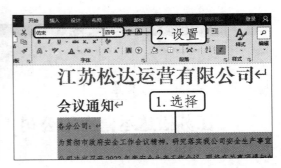

图1-16 设置字体和字号（2）

步骤 05 选择段落"一、会议时间"，在按住【Ctrl】键的同时选择"二、会议地点""三、会议内容""四、参会人员"3段文本，如图1-17所示。

步骤 06 保持文本的选中状态，在【开始】/【字体】组中单击"加粗"按钮**B**加粗文本，如图1-18所示。

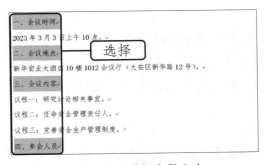

图1-17 选择多段文本

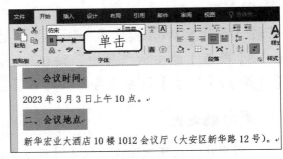

图1-18 加粗文本

活动三 设置会议通知的段落格式

为了使文档清晰明了，易于阅读，小艾准备对会议通知的段落格式进行设置，包括对齐方式、边框样式等，具体操作如下。

步骤 01 将文本插入点定位至第1段文本中，在【开始】/【段落】组中单击"居中"按钮三，如图1-19所示。

步骤 02 选择第1段文本（包括段末的段落标记），在【开始】/【段落】组中单击"边框"按钮田右侧的下拉按钮，在弹出的下拉列表中选择"边框和底纹"选项，如图1-20所示。

微课视频

设置会议通知的段落格式

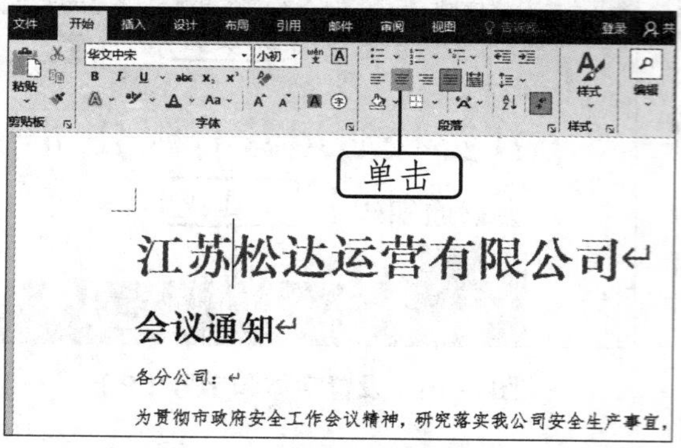

图1-19　设置段落对齐方式

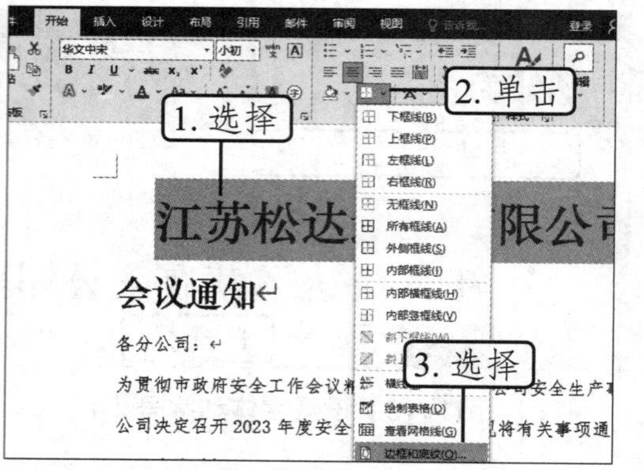

图1-20　选择“边框和底纹”选项

步骤 03 打开“边框和底纹”对话框中的“边框”选项卡，在“颜色”下拉列表中选择“标准色”栏中的“红色”选项，在“宽度”下拉列表中选择“3.0磅”选项，单击“预览”区的“下边框”按钮，如图1-21所示，最后单击确定按钮。

步骤 04 返回Word操作界面，将文本插入点定位至第2段文本中，单击【开始】/【段落】组中的“居中”按钮，将该段落的文本居中对齐，然后单击【开始】/【段落】组右下角的“对话框启动器”按钮，如图1-22所示。

经验之谈

利用快捷键可快速设置段落对齐方式，如按【Ctrl+L】组合键可使段落左对齐，按【Ctrl+E】组合键可使段落居中对齐，按【Ctrl+R】组合键可使段落右对齐。

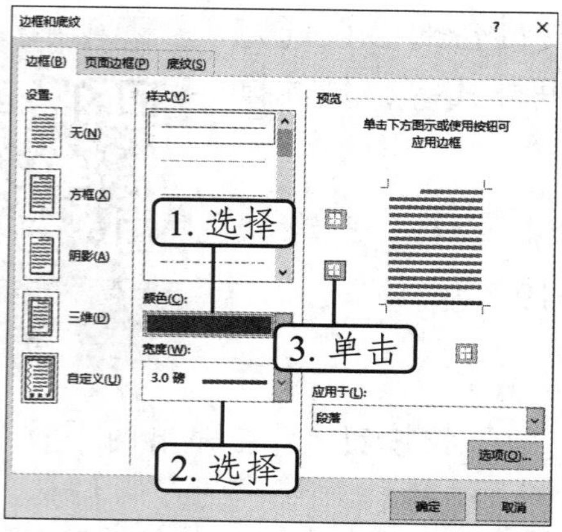

图1-21　设置段落的边框样式

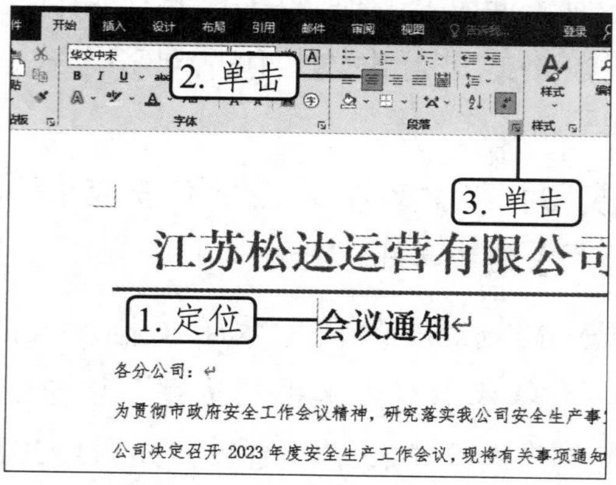

图1-22　设置段落的对齐方式

步骤 05 打开"段落"对话框中的"缩进和间距"选项卡，在"间距"栏的"段前"数值框中输入"3行"，如图1-23所示，单击 确定 按钮。

步骤 06 返回操作界面，选择"为贯彻市政府……特此通知。"文本，再次打开"段落"对话框中的"缩进和间距"选项卡，在"缩进"栏的"特殊格式"下拉列表中选择"首行缩进"选项，此时默认的首行缩进值为"2字符"，如图1-24所示，单击 确定 按钮。

图1-23　设置段前间距

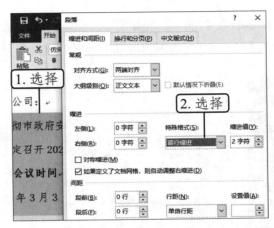

图1-24　设置段落首行的缩进效果

步骤 07 返回操作界面，选择第4段文本，按【Ctrl+D】组合键，打开"字体"对话框，单击"高级"选项卡，在"字符间距"栏中的"间距"下拉列表中选择"紧缩"选项，并在右侧的"磅值"数值框中输入"0.2磅"，如图1-25所示，最后单击 确定 按钮。

步骤 08 返回操作界面，选择文档中的最后两段文本，按【Ctrl+R】组合键，使段落右对齐，效果如图1-26所示。

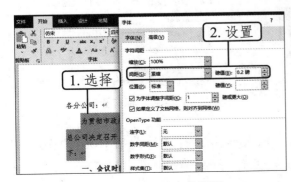

图1-25　设置字符间距

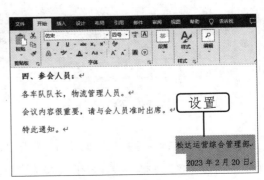

图1-26　设置段落右对齐

活动四　加密会议通知文档

完成文档编辑操作后，为了避免文档被其他用户打开或改动，小艾决定对会议通知文档进行加密，具体操作如下。

微课视频

加密会议通知文档

步骤 01 选择【文件】/【信息】命令，打开"信息"界面，单击"保护文档"按钮🔒，在弹出的下拉列表中选择"用密码进行加密"选项，如图1-27所示。

步骤 02 在打开的"加密文档"对话框的"密码"文本框中输入密码，如"123456"，单击 确定 按钮，如图1-28所示。

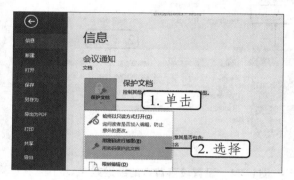

图1-27　选择"用密码进行加密"选项

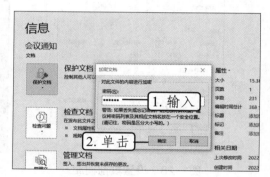

图1-28　输入密码

步骤 03 在打开的"确认密码"对话框的"重新输入密码"文本框中输入相同的密码，单击 确定 按钮，如图1-29所示。

步骤 04 单击标题栏右侧的"关闭"按钮❌，此时将打开提示对话框，单击 保存(S) 按钮保存对文档做的更改，如图1-30所示。

图1-29　确认密码

图1-30　保存更改

步骤 05 在该文档所在的文件夹中双击该文档将其打开，此时Word 2016将打开"密码"对话框，只有在文本框中输入设置好的密码并单击 确定 按钮后，才能打开文档（配套资源：\效果\项目一\会议通知.docx）。

技能提升

技能一 高级替换操作

技能二 为文本设置渐变效果

技能三 添加项目符号

同步实训

通过"会议通知"文档的制作，小艾不仅掌握了通知文档的制作和美化方法，还提升了对 Word 的基本操作能力。为了进一步巩固相关操作，小艾继续制作日常办公中常用的文档"感谢信"和"会议纪要"。

👤 实训一　制作"感谢信"文档

为了表达对合作商家的感激之情，综合管理部让小艾撰写一封感谢信，要求感谢信中明确感谢对象和具体事由。小艾接到任务后，第一时间就查阅了合作商家的相关信息，包括商家名称、合作事由、合作内容等，然后才开始制作。

【制作效果与思路】

本例制作的"感谢信"文档效果如图 1-31 所示（配套资源:\效果\项目一\感谢信 .docx），具体制作思路如下。

致"丰盛园绿化公司"的感谢信

尊敬的合作伙伴：

衷心感谢您长期以来对松达运营的关心、支持和帮助。

为营造舒适的办公环境，展现良好的工作精神，2023 年 2 月15日至2023 年 2 月 25 办公环境打造期间，丰盛园绿化公司组织员工参与其中，员工们发扬了任劳任怨、无私奉献的精神，并坚守岗位、密切配合、协同作战，为松达运营办公环境的打造做出了突出贡献。在此，松达运营全体同仁向您表示深深的谢意，感谢您的支持与帮助！

正是因为您的参与、支持和帮助才使得我们的办公效率不断提升，让员工们有归属感。我们深知，一路走来，每一个蹒跚步伐都离不开您的鼎力相助；每一次佳绩获取都离不开您的支持。

最后，感谢时间，为我们筑起信任的基石，愿未来的日子，我们继续并肩携手，收获共赢，共享成长。

松达运营综合管理部

2023 年 3 月 1 日

图1-31 "感谢信"文档效果

（1）新建一个空白文档，将其命名为"感谢信"并保存到计算机中。

（2）在文档中输入具体内容（配套资源：\素材\项目一\感谢信.docx），将标题段落格式设置为"方正小宋标简体、二号、加粗、居中"。

（3）将正文各段落的字体格式设置为"宋体、三号、2倍行距"，将最后两段文本的对齐方式设置为"右对齐"。

（4）将文档中正文第2段至第5段的段落缩进格式设置为"首行缩进2字符"。

（5）利用"查找与替换"对话框中的"替换"选项卡，将文档中的错误文本"达松"替换为正确的文本"松达"。

👤 实训二　制作"会议纪要"文档

公司于 5 月 15 日召开了一场以"保密工作"为议题的会议，会议结束后，李经理便让小艾立即将会议纪要整理出来，要求在输入会议纪要的相关内容后，再设置文本的字体格式和段落格式，并将文档保存在计算机中，最后再对其进行密码保护设置。

【制作效果与思路】

本例是利用提供的文本素材制作"会议纪要"文档，效果如图 1-32 所示（配套资源：\ 效果 \ 项目一 \ 会议纪要 .docx），具体制作思路如下。

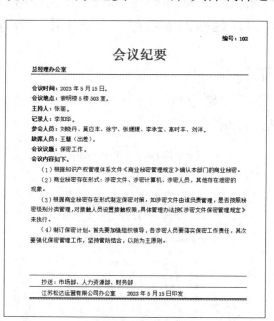

图1-32　"会议纪要"文档效果

（1）打开"会议纪要.docx"文档（配套资源：\素材\项目一\会议纪要.docx），将缺席人员"赵新麦"更改为"王慧"。

（2）将第1段文本右对齐，第2段文本居中对齐。

（3）将"总经理办公室"段落和"抄送"段落之间的所有段落的行距设置为"固定值，20磅"，为"会议内容"段落下方的4段文本设置首行缩进2个字符的缩进格式。

（4）为"总经理办公室""会议时间："""会议地点："""主持人："等文本添加加粗的字符效果。

（5）为文档中的第3段文本和最后两段文本添加边框效果，保存文档，同时对文档进行密码保护设置，保护密码为"12346"。

模块一

行政管理

项目二 制作"公司活动简报"文档

职场情境

　　为了增进员工之间的沟通与交流，加强员工对公司的认同感，促进员工执行力的提升，更好地发掘员工潜能，公司在4月25日举办了一场团建活动。团建的效果很好，不仅让小艾熟悉了公司的各位同事，还让她对公司产生了强烈的归属感。

　　为了展示本次团建活动的成果和各位参赛队员在各项比赛中的风采，并有效地宣传企业文化，需要制作一份"公司活动简报"文档，于是李经理便将这项工作安排给了小艾，并要求小艾将制作好的活动简报打印出来进行张贴。

学习目标

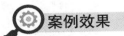 **知识目标**

（1）了解版式设置及打印文档的相关操作。

（2）掌握在文档中插入并编辑各种对象以及美化文档的方法。

技能目标

（1）能够按照不同的页面需求对文档页面进行合理布局。

（2）能够运用多种对象制作出图文并茂的办公文档。

素养目标

（1）养成独立思考与探索学习的能力。

（2）提高对文字、图片类资料的搜集与应用能力。

案例效果

任务一 设计简报版式

任务描述

李经理告诉小艾，简报是传递信息的简短的内部小报，需要做到简、精、快、新，因此篇幅不能太长，否则会让人失去阅读的兴趣；同时，活动类的简报应是图文并茂、有条理性的，能够让读者充分感受到活动的乐趣。小艾听后，便马上整理出了制作简报需要的文字与图片，然后调整了页面的大小，设置了文档的页面背景。

任务实施

活动一 调整页面大小

页面的大小直接决定了版面中内容的多少及其摆放位置，因此在制作"公司活动简报"文档前，小艾需要先对页边距和纸张大小等进行设置，具体操作如下。

微课视频

调整页面大小

步骤 01 新建一个空白文档并将其命名为"公司活动简报"，在【布局】/【页面设置】组中单击"页边距"按钮▥，在弹出的下拉列表中选择"自定义边距"选项，如图2-1所示。

步骤 02 打开"页面设置"对话框，在"页边距"选项卡"页边距"栏中的"上""下""左""右"数值框中均输入"2厘米"（即设置页面版心定界符距离文档的上、下、左、右距离均为2厘米），如图2-2所示。

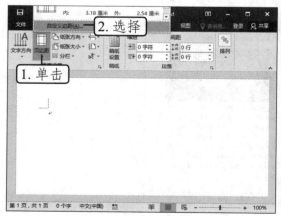

图2-1 选择"自定义边距"选项

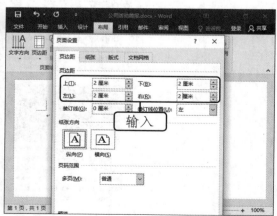

图2-2 设置页边距

步骤 03 单击"纸张"选项卡，在"纸张大小"栏的"高度"数值框中输入"30厘米"（根据公司对文档页面的高度的要求确定），如图2-3所示。

步骤 04 在"纸张"选项卡"预览"栏中的"应用于"下拉列表中选择"整篇文档"选项，单击 确定 按钮，将设置的页面大小应用于该文档，如图2-4所示。

图2-3　设置纸张高度

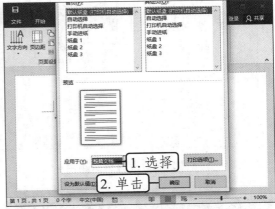

图2-4　应用设置

活动二　设置页面背景

设置完"公司活动简报"文档的页边距和纸张大小之后，为了提升简报的美观性，小艾准备为该文档添加底纹及边框等元素，具体操作如下。

微课视频

设置页面背景

步骤 01 在【设计】/【页面背景】组中单击"页面颜色"按钮，在弹出的下拉列表中选择"白色,背景1,深色5%"选项，如图2-5所示。

步骤 02 在【设计】/【页面背景】组中单击"页面边框"按钮，打开"边框和底纹"对话框，在"页面边框"选项卡的"设置"栏中选择"方框"选项，在"颜色"下拉列表中选择"其他颜色"选项，如图2-6所示。

步骤 03 在打开的"颜色"对话框中单击"自定义"选项卡，在"颜色模式"下拉列表中选择"RGB"选项，在"红色""绿色""蓝色"数值框中分别输入"30""55""98"，单击 确定 按钮，如图2-7所示。

步骤 04 返回"边框和底纹"对话框，在"页面边框"选项卡中单击 选项(O)... 按钮，打开"边框和底纹选项"对话框，在"边距"栏中的

"上""下""左""右"数值框中均输入"26磅"，如图2-8所示，单击
确定按钮。

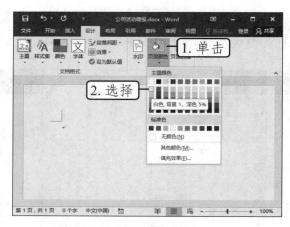

图2-5　设置页面颜色

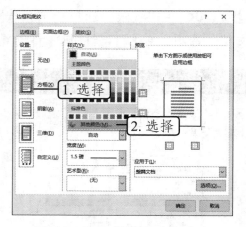

图2-6　选择"其他颜色"选项

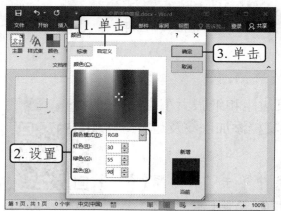

图2-7　自定义边框颜色

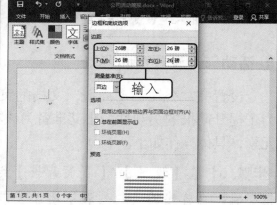

图2-8　设置边框边距

步骤 05 返回"边框和底纹"对话框，单击 确定按钮，返回文档查看设置边
框后的效果。

 知识窗

　　Word默认的页面背景颜色是白色，用户除了可以在"颜色"下拉列表中选择
某一种颜色进行纯色填充外，还可以对页面进行渐变填充、纹理填充、图案填充
和图片填充。

　　• **渐变填充**：使用两种或两种以上的颜色进行填充，其方法是在"页

面颜色"下拉列表中选择"填充效果"选项，打开"填充效果"对话框，在"渐变"选项卡的"颜色"栏中设置渐变颜色，在"透明度"栏中设置渐变颜色的透明度，在"底纹样式"栏中选择渐变样式，在"变形"栏中设置渐变的变形效果。

- **纹理填充：** 使用Word提供的一些纹理样式进行填充，其方法是在"填充效果"对话框中单击"纹理"选项卡，在"纹理"列表框中选择需要的纹理样式，或单击 其他纹理(O)... 按钮，选择保存在计算机中的其他纹理样式。
- **图案填充：** 使用Word提供的一些图案样式进行填充，也可根据需要对图案的前景色和背景色进行设置，其方法是在"填充效果"对话框中单击"图案"选项卡，在其中选择需要的图案样式后，在"前景"下拉列表和"背景"下拉列表中分别设置图案的前景色和背景色。
- **图片填充：** 使用计算机中保存的图片进行填充，其方法是在"填充效果"对话框中单击"图片"选项卡，再单击 选择图片(L)... 按钮，在打开的"选择图片"对话框中选择需要填充的图片。

知识窗

任务二 丰富简报内容

任务描述

简报的版式设计好之后，就需要为简报添加相应的内容，如艺术字、形状、文本框、文字和图片等，然后再对这些对象进行编辑。在插入对象前，李经理告诉小艾，插入的对象不可太花哨，否则不仅不会起到正面的宣传效果，可能还会适得其反。

任务实施

活动一 插入艺术字

微课视频

插入艺术字

为了使文档的标题具有美观、有趣、易识别和醒目等特点，小艾准备将标题设置为艺术字，以增强视觉效果，具体操作如下。

步骤 01 在【插入】/【文本】组中单击"艺术字"按钮 ，在

弹出的下拉列表中选择"填充-白色,轮廓-着色1,阴影"选项，如图2-9所示。

步骤 02 将艺术字文本框中的文本修改为"公司活动简报"，并设置其字号为"56"。选择该艺术字文本框，在【绘图工具 格式】/【艺术字样式】组中单击"文本填充"按钮$\underline{A}$右侧的下拉按钮$\cdot$，在弹出的下拉列表中选择"最近使用的颜色"栏中之前自定义的颜色，如图2-10所示。

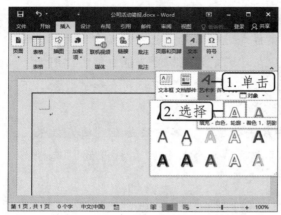

图2-9　选择艺术字　　　　　　图2-10　设置艺术字文本的填充颜色

步骤 03 保持艺术字文本框的选中状态，在【绘图工具 格式】/【艺术字样式】组中单击"文本轮廓"按钮$\underline{A}$右侧的下拉按钮$\cdot$，在弹出的下拉列表中选择与文本填充色一样的颜色，然后移动艺术字文本框至页面合适的位置。

✎ **经验之谈**

　　如果文档中已存在要创建艺术字的文本，则可直接选择该文本，在【开始】/【文本】组中单击"艺术字"按钮，在弹出的下拉列表中选择需要的艺术字样式，将现有文本转换为艺术字。

👤 活动二　插入形状和文本框

　　移动了艺术字文本框后，小艾发现艺术字的右侧留白较多，如果在此处添加文字，会显得不美观，从而破坏简报的整体效果，所以小艾准备在留白处添加形状进行修饰，并辅以文本框和其他形状分隔报头和正文，具体操作如下。

步骤 01 在【插入】/【插图】组中单击"形状"按钮，在

微课视频

插入形状和文本框

弹出的下拉列表中选择"矩形"栏中的"矩形"选项，如图2-11所示。

步骤 02 当鼠标指针变成╋形状时，按住鼠标左键拖曳，在艺术字右侧绘制一个矩形，然后选择该形状，在【绘图工具 格式】/【形状样式】组中将"形状填充"和"形状轮廓"均设置为"橙色,个性色2,深色25%"，效果如图2-12所示。

图2-11　选择形状

图2-12　设置形状颜色后的效果

步骤 03 选择矩形，按【Ctrl+C】组合键复制，再按【Ctrl+V】组合键粘贴，将复制的矩形移至艺术字下方，并在【绘图工具 格式】/【大小】组中设置该形状的"高度"为"1厘米"、"宽度"为"18厘米"，如图2-13所示。

步骤 04 在【插入】/【文本】组中单击"文本框"按钮，在弹出的下拉列表中选择"绘制文本框"选项，如图2-14所示。

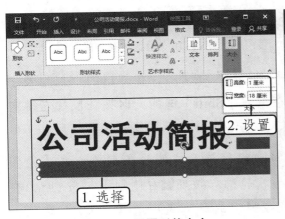

图2-13　设置形状大小

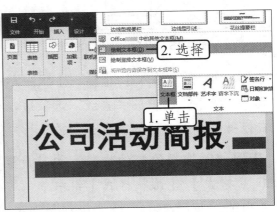

图2-14　选择"绘制文本框"选项

步骤 05 当鼠标指针变成╋形状时，按住鼠标左键拖曳，在复制的形状的下方绘制一个横排文本框，并在其中输入文本"江苏松达运营有限公司　第三期 2023年3月27日"。

步骤 06 选择输入的文本，将其字体格式设置为"方正兰亭纤黑简体、小四、白色、背景1"，然后选择文本框，在【绘图工具 格式】/【形状样式】组中设置"形状填充"为"无填充颜色"、"形状轮廓"为"无轮廓"。

步骤 07 将文本框移至复制的形状的中间位置，按住【Ctrl】键，当鼠标指针变成形状时，同时选择文本框和复制的形状，并在其上单击鼠标右键，在弹出的快捷菜单中选择"组合"命令，在弹出的子菜单中选择"组合"命令，如图2-15所示。

步骤 08 同时选择较小的矩形和组合对象，在【绘图工具 格式】/【排列】组中单击"对齐"按钮，在弹出的下拉列表中选择"右对齐"选项，如图2-16所示，使其排列得整齐、有序。

图2-15　组合文本框和形状

图2-16　设置对齐方式

步骤 09 在【插入】/【插图】组中单击"形状"按钮，在弹出的下拉列表中选择"线条"栏中的"直线"选项后，在按住【Shift】键的同时按住鼠标左键向右拖曳鼠标至合适的位置，释放鼠标左键，在组合对象下方绘制一条线段。

步骤 10 选择绘制的线段，为其设置与边框颜色一样的线条颜色，在【绘图工具 格式】/【形状样式】组中单击"形状轮廓"按钮右侧的下拉按钮，在弹出的下拉列表中选择"粗细"选项，在弹出的子列表中选择"3磅"选项，如图2-17所示。

步骤 11 保持线段的选中状态，在【格式】/【形状样式】组中单击"形状效果"按钮，在弹出的下拉列表中选择"阴影"选项，在弹出的子列表中选择"外部"栏中的"右下斜偏移"选项，如图2-18所示。

图2-17 设置线段粗细

图2-18 设置线段效果

步骤 12 复制线段至原形状的下方，并适当调整其位置。

> ✏️ **经验之谈**
>
> 若对插入的形状不满意，则可在【绘图工具 格式】/【插入形状】组中单击"编辑形状"按钮，在弹出的下拉列表中选择"更改形状"选项，在弹出的子列表中选择需要的形状样式。另外，也可选择"编辑顶点"选项，根据自己的需要使其成为一个新形状。

👤 活动三 分栏排版文档

小艾将事先准备的简报文本添加到文档中后，发现并不美观。此时李经理提醒她，如果通栏排版的效果不理想，那么可以考虑多栏排版，这样既可以使读者的视觉感受更为舒适，也可以体现文字的节奏感，于是小艾准备将简报的正文分为两栏排列，具体操作如下。

微课视频

分栏排版文档

步骤 01 将鼠标指针移至线段下方左侧，当鼠标指针变成I形状时，双击以定位文本插入点。

步骤 02 打开"公司活动简报.txt"文档（配套资源：\素材\项目二\公司活动简报.txt），按【Ctrl+A】组合键全选文本，再按【Ctrl+C】组合键复制文本。

步骤 03 返回"公司活动简报.docx"文档，在文本插入点处按【Ctrl+V】组合键粘贴文本，设置文本的字体格式为"方正北魏楷书_GBK、11、首行缩进2字符、1.3倍行距"。

步骤 04 选择文本，在【布局】/【页面设置】组中单击"分栏"按钮≣，在弹出的下拉列表中选择"更多分栏"选项，如图2-19所示。

步骤 05 打开"分栏"对话框，在"预设"栏中选择"两栏"选项，在"宽度和间距"栏中的"1"栏对应的"宽度"数值框中输入"22字符"，在"间距"数值框中输入"1.9字符"，单击 确定 按钮，如图2-20所示。

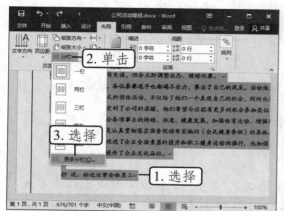

图2-19　选择"更多分栏"选项

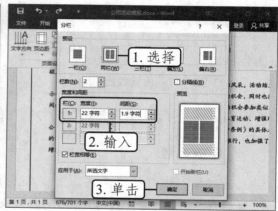

图2-20　设置分栏

✎ 经验之谈

　　在为某段内容分栏时，可能会出现右侧的内容太少或没有的情况，此时可选择需要分栏的整段文本，但不要选择最后一个段落标记，然后再重新分栏。

步骤 06 将文本插入点定位至"抄 送：松达运营全体员工"文本前，按【BackSpace】键取消该段落的首行缩进，选择该段落，为其添加"颜色"为"黑色,文字1"、"宽度"为"1.5磅"的上、下边框。

👤 活动四　插入图片

微课视频

插入图片

　　小艾准备将拍摄的团建活动照片插入简报中，这样既可以展示公司员工的风貌，又可以使简报看起来更加生动、有趣，具体操作如下。

步骤 01 将文本插入点定位到"咬紧牙关，坚持到底。"文本后，按【Enter】键换行，取消该行的首行缩进，在【插入】/【插图】组中单击"图片"按钮，如图2-21所示。

步骤 02 在打开的"插入图片"对话框中选择"图片1.png"（配套资源：\素材\项目二\图片1.png）后，单击 插入(S) 按钮，如图2-22所示。

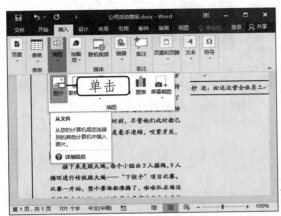

图2-21 单击"图片"按钮

图2-22 选择图片

步骤 03 返回文档后，图片将以嵌入型环绕方式插入文本插入点处，且自动适应双栏排版的大小。

步骤 04 选择插入的图片，在【图片工具 格式】/【调整】组中单击"颜色"按钮，在弹出的下拉列表中选择"色调"栏中的"色温：5900K"选项，如图2-23所示。

步骤 05 将文本插入点定位至"……调整状态、继续比赛。"文本后，按【Enter】键换行，取消该行的首行缩进后，使用同样的方法插入"图片2.png"（配套资源：\素材\项目二\图片2.png）。

步骤 06 选择插入的第2张图片，使其居中显示，在【图片工具 格式】/【调整】组中单击"更正"按钮，在弹出的下拉列表中选择"亮度/对比度"栏中的"亮度：+20%,对比度：-20%"选项，如图2-24所示。

步骤 07 使用同样的方法在"……参加类似的活动。"文本下方插入"图片3.png"（配套资源：\素材\项目二\图片3.png），查看文档的整体效果，并按【Ctrl+S】组合键将制作完成的文档保存在计算机中。

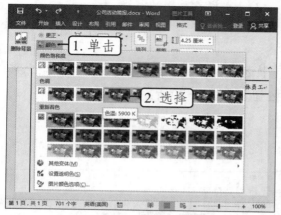

图2-23　设置图片的颜色

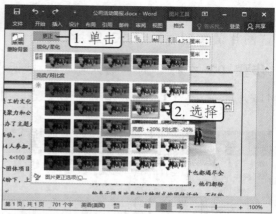

图2-24　设置图片的亮度与对比度

 知识窗

选择插入的对象后，在【图片工具（绘图工具）格式】/【排列】组中单击"环绕文字"按钮🖼，在弹出的下拉列表中可为插入的对象设置环绕方式。

- **嵌入型**。这是Word默认的图文环绕方式，在该环绕方式下，用户不能随意拖曳或调整对象的位置，但可以在对象两侧输入文字，且文字与对象所占高度一致。
- **四周型**。在该环绕方式下，用户可以在文档编辑区内随意拖曳对象，对象本身占用一个矩形空间，对象周围的文字将环绕在该对象的矩形空间周围。
- **紧密型环绕**。与四周型一样，用户可在这种环绕方式下随意拖曳对象，并且对象周围的文字将会紧密环绕在对象周围。
- **穿越型环绕**。与紧密型环绕效果区别不大，但如果对象不是规则的图形（有凹陷时），设置环绕方式为穿越型环绕后，就会有部分文字在对象凹陷处显示。
- **上下型环绕**。在该环绕方式下，对象位于文字中间，且单独占用数行位置，用户可以上下、左右拖曳调整对象的位置。
- **衬于文字下方**。在该环绕方式下，对象位于文字下方，用户可随意移动对象，且对象上会显示部分文字。
- **浮于文字上方**。在该环绕方式下，对象位于文字上方，且会遮挡住部分文字。

 **知识窗**

👤 活动五 打印文档

简报制作完之后，小艾准备将该文档打印 10 份，具体操作如下。

微课视频

打印文档

步骤 01 选择【文件】/【打印】命令，打开"打印"界面，并在右侧预览文档的打印效果。

步骤 02 选择连接的打印机，在"份数"数值框中输入"10"，在"设置"栏中的页面打印下拉列表中选择"单面打印"选项，单击"打印"按钮🖶开始打印，如图2-25所示（配套资源：\效果\项目二\公司活动简报.docx）。

图2-25 预览并打印文档

技能提升

技能一 输入 10 以上的带圈数字

技能二 添加水印

技能三 将图片裁剪为需要的形状

技能四 通过链接将多个文本框关联起来

同步实训

通过"公司活动简报"文档的制作，小艾不仅熟悉了页面的版式设计，还掌握了在文档中插入与编辑艺术字、形状、文本框和图片的方法，以及打印文档的方法，为图文类文档的制作打下了坚实的基础。为了进一步熟悉相关操作，小艾继续制作"个人名片"文档和"公益宣传海报"文档。

👤 实训一　制作"个人名片"文档

随着公司的壮大，员工人数也在逐渐增多，由于新入职的员工都没有自己的名片，所以，李经理要求小艾制作一份个人名片模板，先看看效果是否美观，审核通过后再为公司的每一位员工批量制作。

【制作效果与思路】

本例制作的"个人名片"文档效果如图2-26所示（配套资源：\效果\项目二\个人名片.docx），制作思路如下。

图2-26　"个人名片"文档效果

（1）新建并保存"个人名片"文档，将页面的"宽度"设置为"9.4厘米"，"高度"设置为"5.8厘米"。

（2）自定义红色为33、绿色为89、蓝色为104的页面颜色，绘制一个轮廓为"金色,个性色4"、无填充颜色的矩形，并调整其大小。

（3）绘制一个无轮廓、填充颜色为"白色,背景1"的圆形，在圆形上方插入"公司图标.png"图片（配套资源：\素材\项目二\公司图标.png），并将其组合。

（4）绘制一条线段，将其形状轮廓设置为"金色,个性色4"，复制该线段，并调整其位置和长度。

（5）绘制标题文本框，先设置其文本颜色为"金色,个性色4"，再在【绘图工具 格式】/【艺术字样式】组中单击"文本填充"按钮 **A** 右侧的下拉按钮▼，在弹出的下拉列表中选择"渐变"选项，在弹出的子列表中选择"线性对角-左上到右下"选项，并使用同样的方法绘制其他文本框，取消文本框的轮廓颜色和填充颜色。

实训二　制作"公益宣传海报"文档

随着老年单亲户、双亲户、纯老年人家庭变得越来越多，社会中的"空巢"现象也越来越普遍。为了唤起大家对空巢老人的关注，改善空巢老人的生活现状，以及为公司推出的针对老年人的产品预热，公司安排小艾制作一份"公益宣传海报"文档，要求排版美观、视觉冲击力强。

【制作效果与思路】

本例制作的"公益宣传海报"文档效果如图2-27所示（配套资源：\效果\项目二\公益宣传海报.docx），制作思路如下。

图2-27　"公益宣传海报"文档效果

（1）新建并保存"公益宣传海报"文档，插入背景图片（配套资源：\素材\项目二\背景.png），并调整其大小，使其完全覆盖整个页面。

（2）设置图片的环绕方式为"衬于文字下方"，并设置图片的颜色为"冲蚀"。

（3）绘制一个心形，先设置其填充颜色为"深红"，再设置其渐变为"线性对角-左上到右下"，取消其轮廓颜色。

（4）插入"老人.png"图片（配套资源：\素材\项目二\老人.png）和文本框，并在文本框中输入及设置相应的文本内容。在【绘图工具 格式】/【文本】组中单击"文字方向"按钮，在弹出的下拉列表中设置文字方向。

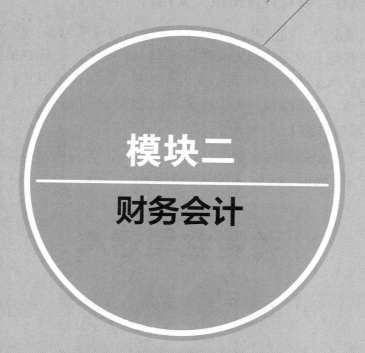

模块二
财务会计

项目三　制作"往来对账单"表格

职场情境

　　松达运营经常需要和其他公司进行业务对接与经济上的往来，但每位员工做的记录都有所不同，为了统一管理和便于查找，李经理便让小艾制作一份"往来对账单"表格。

　　在制作表格时，李经理告诉小艾，与同一公司发生的每一笔经济业务可以按月份记录在同一个工作簿中，之后再发给合作公司确认，这样既方便查找，又明确了双方的债权债务关系。此外，为了不重复操作，可以先制作往来对账单的模板，便于后期直接更改。

学习目标

知识目标

（1）掌握工作簿、工作表和单元格的基本操作方法。

（2）掌握编辑和美化表格的方法。

技能目标

（1）能够在表格中录入和填充不同类型的数据。

（2）能够制作并美化表格。

素养目标

（1）具备正确地、规范地处理数据的职业素养。

（2）保持严肃、认真的工作态度，认真处理企业各项账务事宜。

案例效果

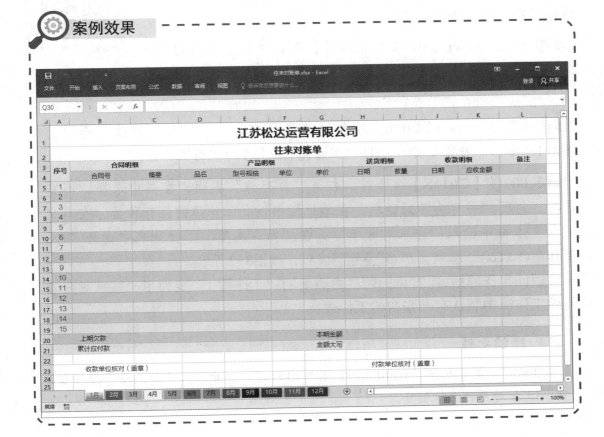

任务一 创建往来对账单

任务描述

小艾不知道怎么制作"往来对账单"表格，李经理告诉小艾，要想创建表格，就要先新建工作簿，并将其保存在计算机中，然后再在工作表中输入表头文本，如果表格中有多条记录，则还可以为其批量添加序号。

任务实施

活动一 新建工作簿

工作簿和工作表是包含与被包含的关系，且工作表不能单独存盘，只有工作簿才能以文件的形式存盘，因此，小艾准备先新建工作簿，再将新建的工作簿保存在计算机中，为后续操作做准备，具体操作如下。

微课视频

新建工作簿和工作表

步骤 01 进入Windows操作系统后，单击桌面左下角的"开始"按钮 ⊞，在弹出的"开始"菜单中选择"Excel 2016"选项。

步骤 02 启动Excel 2016，在打开的界面中选择"空白工作簿"选项，如图3-1所示，系统将新建一个以"工作簿1"为名的空白工作簿。

步骤 03 按【Ctrl+S】组合键，打开"另存为"界面，在其中选择"浏览"选项，打开"另存为"对话框，在地址栏中设置工作簿的保存位置，在"文件名"文本框中输入"往来对账单"，在"保存类型"下拉列表中选择"Excel工作簿(*.xlsx)"选项，单击 保存(S) 按钮，如图3-2所示。

返回工作簿后,可看见标题栏由原来的"工作簿1"变为了"往来对账单"，且该工作簿中默认有一张初始工作表。

经验之谈

Excel工作簿相当于Word文档，其中的新建、打开、保存和关闭等操作都与Word文档对应的操作相同。

图3-1 新建工作簿

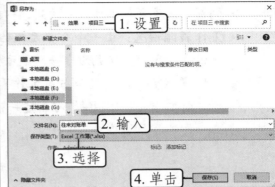

图3-2 保存工作簿

知识窗

Excel 2016 操作界面除了具有与 Word 2016 十分相似的标题栏、功能区、状态栏等部分外，还包括名称框、编辑栏、行号、列标、工作表编辑区和工作表标签等部分，如图 3-3 所示。

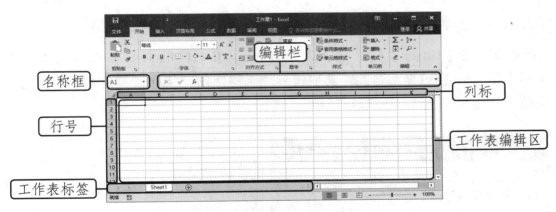

图3-3 Excel 2016操作界面

- **名称框**：用于显示所选单元格或单元格区域由行号和列标组成的单元格地址或定义的名称。
- **编辑栏**：用于显示或编辑所选单元格中的内容；单击"取消"按钮✗，取消当前所选单元格中输入的内容；单击"输入"按钮✔，确认当前所选单元格中输入的内容；单击"插入函数"按钮 *fx*，打开"插入函数"对话框，在其中选择需要应用的函数。

- **行号**：用于表示工作表中的行，以1、2、3、4...的形式编号。
- **列标**：用于表示工作表中的列，以A、B、C、D...的形式编号。
- **工作表编辑区**：由一个个单元格组成，用于编辑表格内容，每个单元格拥有由行号和列标组成的唯一的单元格地址。
- **工作表标签**：用于显示当前工作簿中工作表的名称，单击工作表标签右侧的"新工作表"按钮⊕，可新建一张工作表。

知识窗

活动二　输入对账单的表头文本

表头是表格的开头部分，它能够将一些内容按性质进行归类，且无论制作的是哪种表格，表头都是至关重要的，因此，小艾准备根据往来对账单的内容输入表头文本，具体操作如下。

微课视频

输入对账单的表头文本

步骤 01 选择A1单元格，在其中输入"江苏松达运营有限公司"文本，按【Enter】键，转至A2单元格，在其中输入"往来对账单"文本，如图3-4所示。

步骤 02 按【Enter】键，转至A3单元格，在其中输入"序号"文本，按【→】键，转至B3单元格，在其中输入"合同明细"文本，接着使用相同的方法输入其他表头文本，如图3-5所示。

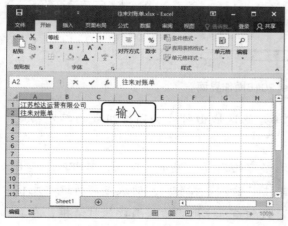

图3-4　输入标题

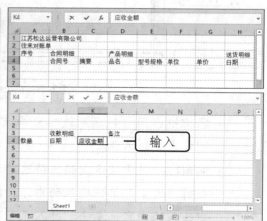

图3-5　输入表头文本

✎ **经验之谈**

除了可以按键盘上的方向键外，还可以通过键盘上的其他按键来确认输入并选择单元格，如按【Tab】键可以确认输入并选择右侧的相邻单元格，按【Enter】键可以确认输入并自动选择下方的相邻单元格，按【Ctrl+Enter】组合键可以确认输入并选择当前单元格。

👤 活动三 批量录入序号

松达运营与合作公司的往来记录不止一条，所以为了规范整理，小艾需要在新建的工作簿中批量录入序号，具体操作如下。

微课视频

批量录入序号

步骤 01 选择A5单元格，在其中输入"1"，将鼠标指针移至该单元格右下角，当鼠标指针变成╋形状时，按住鼠标左键向下拖曳至A19单元格，如图3-6所示。

步骤 02 释放鼠标左键后，可以看到选择的单元格区域中已填充了相同的数字"1"，效果如图3-7所示。

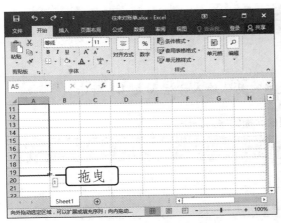

图3-6 向下拖曳

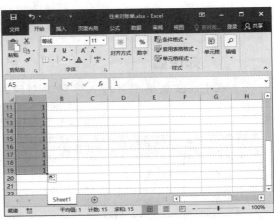

图3-7 填充相同的数字

步骤 03 单击A19单元格右下角的"自动填充选项"按钮▣，在弹出的下拉列表中选择"填充序列"选项，如图3-8所示。A5:A19单元格区域中的数字将以"1"为单位进行递增填充，效果如图3-9所示。

图3-8 选择"填充序列"选项

图3-9 填充效果

步骤 04 在A20:H23单元格区域中输入剩余的文本，完成表格的基本制作。

 经验之谈

在单元格中填充编号时，可在按住【Ctrl】键的同时向下拖曳鼠标，使系统直接以"1"为单位进行递增填充；或在相邻的两个单元格中分别输入步长值和终止值，如在A1和A2单元格中分别输入"1"和"2"，选择A1:A2单元格区域，并往下拖曳A2单元格右下角的填充柄，此时，该列单元格将以"1"为单位进行递增填充。

💡 **知识窗**

在 Excel 表格中可输入多种类型的数据，具体输入方法如表 3-1 所示。

表 3-1 不同类型的数据的输入方法

数据类型	输入方法
文本	直接输入
正数	直接输入
负数	如输入"-100"，先输入负号"-"然后输入"100"
小数	依次输入整数位、小数点和小数位
百分数	依次输入数据和百分号，其中百分号可通过【Shift+5】组合键输入
分数	依次输入整数部分（真分数则输入"0"）、空格、分子、"/"和分母

续表

数据类型	输入方法
日期	依次输入年月日数据,中间用"–"或"/"隔开,如2023-4-19或2023/4/19
时间	依次输入时分秒数据,中间用英文状态下的冒号":"隔开,如10:29:25
货币	依次输入货币符号和数据,其中,英文状态下按【Shift+4】组合键可输入美元符号"$",中文状态下按【Shift+4】组合键可输入人民币符号"¥"

 知识窗

任务二 快速美化往来对账单

任务描述

录入往来对账单中的基本内容后,为了避免表格过于单调,小艾不仅通过Excel的表格样式功能一键美化了往来对账单,还适当调整了单元格的行高和列宽,同时在工作簿中复制了多张已制作完成的工作表,并按月份重命名了各张工作表。

任务实施

活动一 一键美化往来对账单

为了快速设置表格的边框和底纹,小艾准备使用 Excel 内置的表格样式一键美化往来对账单,具体操作如下。

微课视频

一键美化往来对账单

步骤 01 选择 A1 单元格,在【开始】/【字体】组中的"字体"下拉列表中选择"方正兰亭准黑_GBK"选项,在"字号"下拉列表中选择"20"选项,再单击"加粗"按钮 B,使其加粗显示,如图3-10所示。

步骤 02 使用同样的方法将 A2 单元格中的文本的字体格式设置为"方正兰亭准黑_GBK、16、加粗",将 A3:L23 单元格区域的文本的字体格式设置为"方正兰亭纤黑_GBK、11",再将 A3:L3 单元格区域的文本加粗显示。

步骤 03 选择 A1:L1 单元格区域,在【开始】/【对齐方式】组中单击"合并后居中"按钮,如图3-11所示,使 A1:L1 单元格区域合成一个单元格,且使该单元格内的文本居中显示。

图3-10　设置文本的字体格式

图3-11　合并后居中文本

步骤 04 使用同样的方法让A2:L2单元格区域中的文本合并后居中。选择A3:L21单元格区域，在【开始】/【样式】组中单击"套用表格格式"按钮，在弹出的下拉列表中选择"中等深浅"栏中的"表样式中等深浅25"选项，如图3-12所示。

步骤 05 在打开的"套用表格式"对话框中保持"表数据的来源"参数框中的默认设置，勾选"表包含标题"复选框，再单击 确定 按钮，如图3-13所示。

图3-12　选择表格样式

图3-13　设置表格式

步骤 06 保持A3:L21单元格区域的选中状态，在【表格工具 设计】/【工具】组中单击"转换为区域"按钮，弹出提示对话框，单击 是(Y) 按钮，如图3-14所示，将应用了样式的区域转换为普通区域，并自动删除表头单元格中的筛选按钮。

步骤 07 保持A3:L21单元格区域的选中状态，设置对齐方式为居中，然后让相应的单元格区域合并后居中。注意，在设置两列或多列均有数据的单元格区域（如B3:C3单元格区域）合并后居中时，系统会打开提示对话框，此时单击 确定 按钮即可，如图3-15所示。

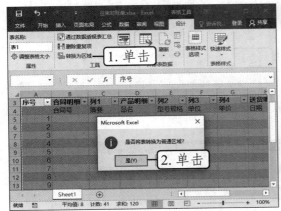

图3-14 转换为普通区域

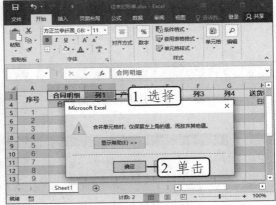

图3-15 合并均有数据的单元格

活动二 调整对账单的行高和列宽

美化了对账单之后，小艾发现表格的行距较窄，文字较近，且预留的单元格长度不够，在输入内容时过长的内容可能会超出单元格的范围，所以小艾打算调整对账单的行高和列宽，具体操作如下。

微课视频

调整对账单的行高和列宽

步骤 01 将鼠标指针移至第1行与第2行之间的分隔线上，当鼠标指针变成╬形状时，按住鼠标左键向下拖曳至合适的位置，释放鼠标左键以调整行高，如图3-16所示。

步骤 02 使用同样的方法适当调整第2行的高度，选择第3行至第23行，并在行号区域单击鼠标右键，在弹出的快捷菜单中选择"行高"命令，如图3-17所示。

步骤 03 在打开的"行高"对话框的"行高"数值框中输入"18"，单击 确定 按钮，如图3-18所示。

步骤 04 选择A列，在【开始】/【单元格】组中单击"格式"按钮，在弹出的下拉列表中选择"自动调整列宽"选项，如图3-19所示，使系统根据单元格中的内容自动将列宽调整到合适的大小。

图3-16　手动调整行高

图3-17　选择"行高"命令

图3-18　设置行高

图3-19　选择"自动调整列宽"选项

步骤 05 将鼠标指针移至B列与C列之间的分隔线上，当鼠标指针变成➕形状时，按住鼠标左键向右拖曳至合适的位置，释放鼠标左键以调整列宽，接着使用同样的方法调整其他列的宽度。

👤 活动三　复制和重命名工作表

松达运营每个月都与合作公司有往来记录，所以该工作簿应有对应的12张往来对账单表格。小艾需要在同一个工作簿中复制11张制作完成的工作表，并根据月份进行重命名，具体操作如下。

步骤 01 将鼠标指针移至"Sheet1"工作表标签上，单击鼠标右键，在弹出的快捷菜单中选择"移动或复制"命令，如

微课视频

复制和重命名工作表

图3-20所示。

步骤 02 在打开的"移动或复制工作表"对话框的"下列选定工作表之前"列表框中选择"(移至最后)"选项，勾选"建立副本"复选框，再单击 确定 按钮，如图3-21所示。

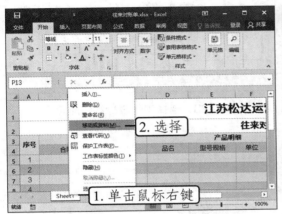

图3-20 选择"移动或复制"命令

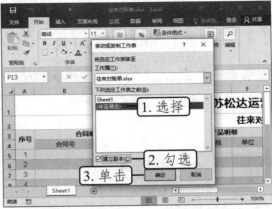

图3-21 复制工作表的设置

🎓 **专家指导**

　　在不同工作簿中移动或复制工作表时，用户只能通过"移动或复制工作表"对话框来实现。如果是在同一工作簿中移动或复制工作表，则可将鼠标指针移动到需要移动或复制的工作表标签上，按住鼠标左键将其拖曳到目标位置，然后释放鼠标左键，完成工作表的移动操作。另外，在按住【Ctrl】键的同时移动工作表，可复制工作表。

步骤 03 使用同样的方法复制其余工作表，然后双击"Sheet1"工作表标签，或在"Sheet1"工作表标签上单击鼠标右键，在弹出的快捷菜单中选择"重命名"命令，当工作表名称处于可编辑状态时，输入新名称"1月"，如图3-22所示，接着按【Enter】键确认。

步骤 04 使用同样的方法重命名其余工作表，然后在"1月"工作表标签上单击鼠标右键，在弹出的快捷菜单中选择"工作表标签颜色"命令，在弹出的下拉列表中选择"深红"选项，如图3-23所示，接着使用同样的方法设置其他工作表标签的颜色（配套资源：\效果\项目三\往来对账单.xlsx）。

图3-22 重命名工作表

图3-23 选择工作表标签的颜色

技能提升

技能一 使标题行始终显示在开头位置

技能二 自动换行显示

技能三 分页预览打印

技能四 批量添加工作表

同步实训

通过"往来对账单"表格的制作，小艾熟悉了新建工作簿与工作表、录入数据和美化表格等操作。为了进一步熟悉相关操作，小艾继续制作"客户收款预算表"表格和"收支明细表"表格。

实训一 制作"客户收款预算表"表格

公司最近向其他多个公司销售了多批货物，但还未收到货款，于是李经理让小艾制作一张"客户收款预算表"表格，要求小艾输入相应内容并设置字体格式，然后为表格套用 Excel 内置的表格样式，再重命名工作表，并为工作表标签添加颜色。

【制作效果与思路】

本例制作的"客户收款预算表"表格效果如图 3-24 所示（配套资源：\效

果\项目三\客户收款预算表.xlsx），制作思路如下。

（1）新建并保存"客户收款预算表"表格，合并A1:I1单元格区域，并在其中输入"客户收款预算表"文本，接着设置其字体格式为"方正兰亭黑简体、24、加粗"。

（2）在A2:I12单元格区域中输入需要的内容，设置A2:I2单元格区域的字体格式为"方正书宋简体、12、加粗"，设置A3:I12单元格区域的字体格式为"方正书宋简体、12"。

（3）选择A2:I12单元格区域，为其套用"表样式中等深浅9"表格样式，再将表格转换为普通表格，并适当调整表格的行高和列宽。

（4）将"Sheet1"工作表重命名为"客户收款预算表"，将该工作表标签颜色设置为浅蓝色。

公司	责任人	销售日期	销售金额	收款条件	预计收款日期	预计收款金额	实际收款	备注
重庆玉兰股份有限公司	李强	2023/2/7	¥12356.00	月结30天	2023/3/9	¥12356.00	¥6178.00	
上海茂林公司	赵小雪	2023/2/13	¥25000.00	月结30天	2023/3/15	¥25000.00	¥25000.00	
江苏永顺股份有限公司	吴婷	2023/1/30	¥38025.00	月结45天	2023/3/16	¥38025.00	¥19012.50	
成都兰溪有限公司	周波	2023/1/26	¥43652.00	月结60天	2023/4/3	¥43652.00	¥21826.00	
成都若思公司	李莎莎	2023/2/2	¥11111.00	月结60天	2023/4/3	¥11111.00	¥5555.50	
江苏宜鼎有限公司	杨男	2023/2/17	¥25468.00	月结45天	2023/4/3	¥25468.00	¥25468.00	
上海正茂有限公司	邓萍	2023/3/18	¥56489.00	月结30天	2023/4/17	¥56489.00	¥56489.00	
南京雅海公司	肖洁琼	2023/3/22	¥26489.00	月结30天	2023/4/21	¥26489.00	¥26489.00	
深圳森阳有点公司	张青青	2023/3/13	¥32546.00	月结45天	2023/4/27	¥32546.00	¥16273.00	
合计			¥271136.00			¥271136.00	¥202291.00	

图3-24 "客户收款预算表"表格效果

👤 实训二 制作"收支明细表"表格

为了明确公司的资金来源与资金去向，公司每个月都会总结当月的收入和支出明细，然后再进行汇总，李经理将这个任务交给了小艾，要求她将各项收入和支出都详细记录下来，制成"收支明细表"表格。

【制作效果与思路】

本例制作的"收支明细表"表格效果如图3-25所示（配套资源：\效果\项目三\收支明细表.xlsx），制作思路如下。

（1）新建并保存"收支明细表"表格，在A1单元格中输入表头"收支明细表"，接着让A1:L1单元格区域合并后居中，设置文本的字体格式为"方正中雅宋简、22"。

（2）在A2:L15单元格区域中输入需要的文本内容及公司4月的各项收入与支出，设置

A2:L2单元格区域的字体格式为"方正博雅_GBK、11"，设置A3:L15单元格区域的字体格式为"方正宋一简体、11"，并为A3:L4单元格区域的文本设置加粗效果。为表格套用"表样式中等深浅7"表格样式，再将表格转换为普通表格。

（3）合并部分单元格区域，再根据内容的多少调整表格的行高和列宽。

（4）将"Sheet1"工作表重命名为"4月收支明细"，再设置工作表标签颜色为"浅绿"。

收支明细表

序号	日期		收入			支出				经办人	备注
	月	日	项目	余额	是否开具票据	项目	余额	有无票据	余额	经办人	备注

单位：江苏松达运营有限公司（上方），2023年4月1日至2023年4月30日

序号	月	日	项目	余额	是否开具票据	项目	余额	有无票据	余额	经办人	备注
1	4	5	经营收入	¥16426.00	是	产品成本	¥9594.00	有	¥49685.00	小艾	
2	4	10	劳务收入	¥48482.00	否	劳务成本	¥40845.00	无	¥56430.00	小艾	
3	4	10	补助收入	¥5894.00	否	运输费	¥264.00	无	¥8000.00	小艾	
4	4	13	存款收入	¥9897.00	否	保险费	¥1256.00	无	¥44982.00	小艾	
5	4	18	投资收入	¥1564.00	否	管理费用	¥1654.00	无	¥8794.00	小艾	
6	4	19				办公费	¥264.00	有	¥46420.00	小艾	
7	4	26				差旅费	¥943.00	有	¥9468.00	小艾	
8											
9											
10											
合计			收入金额	¥82263.00		支出金额	¥54820.00		余额	¥223779.00	

4月收支明细

就绪   100%

图3-25 "收支明细表"表格效果

模块二

财务会计

项目四　制作"员工工资表"表格

职场情境

　　为了考察小艾对表格的熟悉程度，李经理让她制作本月的"员工工资表"表格。小艾需要在表格中罗列出各个工资项目，计算出各位员工的应发工资。

　　接到任务后，小艾先制作了"员工工资表"表格，李经理审核时发现其中的工资数据都是直接输入的，于是告诉小艾，Excel具备强大的数据计算功能，可以通过公式和函数自动计算出工资表中的数据，这样不但便于修改，还能提高工作效率。

学习目标

知识目标

（1）掌握数据格式和单元格格式的设置方法。

（2）掌握条件格式的使用方法。

（3）掌握公式和函数的使用方法。

技能目标

（1）能够灵活使用不同的格式突出显示表格中的重要数据。

（2）能够使用公式和函数快速完成各种计算。

素养目标

（1）认真履行岗位职责，强化业务技能。

（2）遵守职业道德、依法办事、不随意泄露公司机密。

案例效果

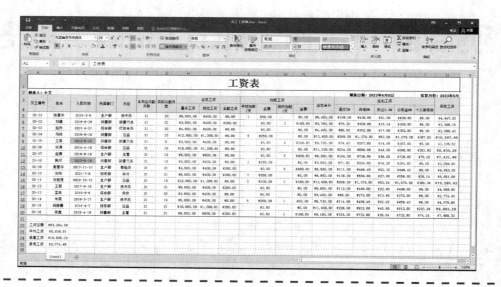

任务一 美化工资表

任务描述

李经理告诉小艾，工资表是用于核算员工工资的一种表格，因此在输入或计算数据时，应当在工资数值前加上货币单位，代表工资金额。此外，如果要使工资表更有条理，还要设置单元格格式，包括调整行高和列宽、设置对齐方式、添加边框和底纹等，最后还可以根据需要突出显示部分单元格或单元格区域。

任务实施

活动一 设置数据格式

小艾在输入与入职日期、基本工资和岗位工资相关的数据时比较慢，此时李经理告诉她，如果要输入非常规数据，那么可以先输入常规数据，然后再统一设置其数据格式，具体操作如下。

步骤 01 新建并保存"员工工资表"工作簿，在该工作簿中输入"员工工资表.txt"文件（配套资源：\素材\项目四\员工工资表.txt）中员工的基本信息和各工资项目数据。

步骤 02 选择C5:C20单元格区域，在【开始】/【数字】组中单击右下角的"对话框启动器"按钮，如图4-1所示。

步骤 03 在打开的"设置单元格格式"对话框的"数字"选项卡的"分类"列表框中选择"自定义"选项，在"类型"文本框中将默认选择的"yyyy/m/d"改为"yyyy-m-d"，单击 确定 按钮，如图4-2所示。

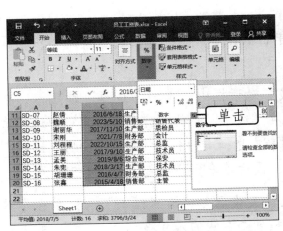

图4-1 单击"对话框启动器"按钮

图4-2 自定义日期格式

49

步骤 04 返回工作表后，在按住【Ctrl】键的同时选择H5:J20单元格区域、L5:L20单元格区域和N5:U20单元格区域，按【Ctrl+Shift+4】组合键，将所选区域的数据转换为货币形式。

👤 活动二　设置单元格格式

设置好数据格式后，为了使工作表更加规范、有条理，小艾还需要设置单元格格式，如设置字体格式、合并单元格、调整行高和列宽、设置对齐方式、添加边框和底纹等，从而达到美化工作表的目的，具体操作如下。

微课视频

设置单元格格式

步骤 01 合并A1:U1单元格区域并使文本居中，设置字体格式为"方正精品书宋简体、28、加粗"。设置A2:U20单元格区域的字体格式为"宋体、10"，并将A2、R2和U2单元格中的文本加粗显示。

步骤 02 合并A3:A4单元格区域、B3:B4单元格区域、C3:C4单元格区域、D3:D4单元格区域、E3:E4单元格区域、F3:F4单元格区域、G3:G4单元格区域、H3:J3单元格区域、K3:N3单元格区域、O3:O4单元格区域、P3:T3单元格区域和U3:U4单元格区域，并使其中的文本居中，设置F3、G3、K4、M4单元格自动换行，然后适当调整表格的行高和列宽。

步骤 03 选择A3:U20单元格区域，在【开始】/【对齐方式】组中单击"垂直居中"按钮≡和"居中"按钮≡，如图4-3所示，使单元格文本在单元格中居中。

步骤 04 在按住【Ctrl】键的同时选择R2单元格和U2单元格，设置其对齐方式为右对齐。

步骤 05 选择A5:U20单元格区域，单击鼠标右键，在弹出的快捷菜单中选择"设置单元格格式"命令，如图4-4所示。

步骤 06 在打开的"设置单元格格式"对话框中，单击"边框"选项卡，在"预置"栏中单击"外边框"按钮⊞，在"线条"栏的"样式"列表框中选择第二行的第一个选项，在"颜色"下拉列表中选择"白色,背景1,深色50%"选项，再在"预置"栏中单击"内部"按钮⊞，最后单击 确定 按钮，如图4-5所示。

步骤 07 选择A3:U3单元格区域，设置其边框为"所有框线"。然后在【开始】/【字体】组中单击"填充颜色"按钮🖍️右侧的下拉按钮▾，在弹出的下拉列表中选择"蓝色,个性色1,淡色80%"选项，如图4-6所示。

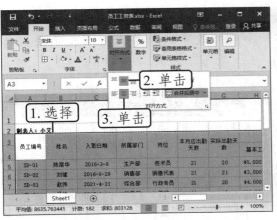

图4-3 居中文本

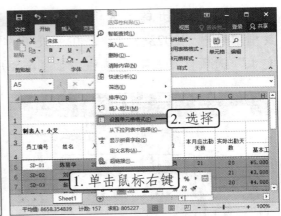

图4-4 选择"设置单元格格式"命令

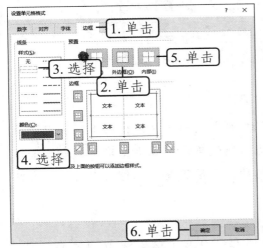

图4-5 设置边框

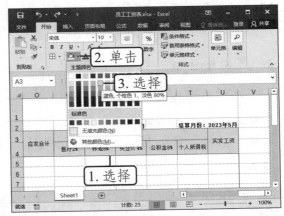

图4-6 设置底纹

活动三 使用条件格式

李经理想要查看王亮、魏顺这两名新员工的工资情况，以及公司实发工资排名前 5 的数据。因此小艾需要使用条件格式功能突出显示这两位员工的入职日期，然后标记出这两名员工的所有工资数据信息，并同时在"实发工资"列中显示出工资金额排名前 5 的数据，具体操作如下。

微课视频

使用条件格式

步骤 01 选择C5:C20单元格区域，在【开始】/【样式】组中单击"条件格式"按钮，在弹出的下拉列表中选择"突出显示单元格规则"选项，在弹出的子列表中选择"大于"选项，如图4-7所示。

步骤 02 在打开的"大于"对话框的"为大于以下值的单元格设置格式"参数框中输入"2023-5-1"，在"设置为"下拉列表中选择"浅红填充色深红色文本"选项，单击 确定 按钮，如图4-8所示。

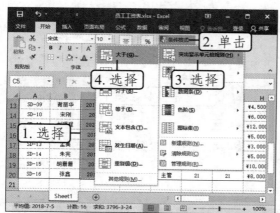

图4-7 选择"大于"选项

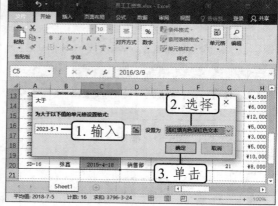

图4-8 设置条件格式

✏️ **经验之谈**

在"条件格式"下拉列表中选择"清除规则"选项，在弹出的子列表中选择"清除所选单元格的规则"选项，可清除当前所选单元格或单元格区域中的条件格式；选择"清除整个工作表中的规则"选项，可清除整个工作表中的所有条件格式。

步骤 03 返回工作表后，可看到C9单元格和C12单元格以浅红填充色、深红色文本的格式显示。在按住【Ctrl】键的同时选择A9:U9单元格区域和A12:U12单元格区域，设置"字体颜色"为"深红"。

步骤 04 选择U5:U20单元格区域，在"条件格式"下拉列表中选择"项目选取规则"选项，在弹出的子列表中选择"前10项"选项。

步骤 05 在打开的"前10项"对话框的"为值最大的那些单元格设置格式"数值框中输入"5"，在"设置为"下拉列表中选择"自定义格式"选项，如图4-9所示。

步骤 06 在打开的"设置单元格格式"对话框中单击"字体"选项卡，在"字形"列表框中选择"加粗"选项，在"颜色"下拉列表中选择"橙色,个性色2,深色25%"选项，单击 确定 按钮，如图4-10所示。

图4-9　选择"自定义格式"选项

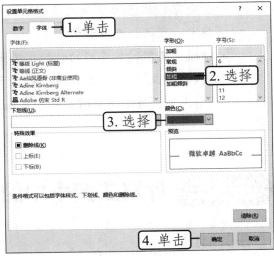

图4-10　设置字体格式

步骤 07 返回"前10项"对话框，单击 ▭ 按钮，返回工作表。此时U5:U20单元格区域仍是空白，这是因为该单元格区域中没有数据，当该单元格区域中有数据时，系统会根据设置自动调整。

经验之谈

在"条件格式"下拉列表中选择"管理规则"选项，在打开的"条件格式规则管理器"对话框的"显示其格式规则"下拉列表中选择"当前工作表"选项，可显示工作表中的所有条件格式；单击 ▭ 编辑规则(E)... 按钮，可在打开的"编辑格式规则"对话框中对选择的条件规则进行修改；在条件对应的"应用于"参数框中可对条件应用的单元格区域进行更改；单击 ✕ 删除规则(D) 按钮，可删除当前选择的条件格式。

知识窗

Excel 内置的条件格式除了有突出显示单元格规则、项目选取规则外，还有数据条、色阶和图标集。

- **突出显示单元格规则**：用于突出显示工作表中满足某个条件的数据，如大于某个数据、小于某个数据、等于某个数据、介于某两个数据之间、包含某个数据等。

- **项目选取规则**：用于突出显示前几项、后几项、高于平均值或低于平均值的数据。

- **数据条**：用于标识单元格中的值的大小，数据条越长，表示单元格中的值越大，反之，则表示值越小。
- **色阶**：将不同范围内的数据用不同的渐变颜色区分。
- **图标集**：以不同的形状或颜色表示数据的大小，可以按阈值将数据分为3～5个类别，每个图标代表一个数值范围。

任务二　计算工资表中的数据

任务描述

"员工工资表"表格的基本框架搭建好之后，小艾下一步的计划就是计算员工工资表中的数据。在计算数据之前，李经理告诉小艾，简单的计算可以使用公式，而复杂一些的计算则可以使用函数，如使用 IF() 函数计算全勤工资、使用 SUM() 函数计算应发工资和实发工资、使用 MAX() 函数计算个人所得税、使用 AVERAGE() 函数计算平均工资等。

任务实施

活动一　使用公式

在制作工资表时，加班工资、医疗保险、养老保险、失业保险、公积金等数据都可以直接使用公式进行计算，具体操作如下。

步骤 01 选择L5单元格，输入等号"="，再输入"K5*50"，如图4-11所示，按【Ctrl+Enter】组合键计算出结果。

步骤 02 将鼠标指针移至L5单元格的右下角，当鼠标指针变成➕形状时双击，该公式将自动填充至L20单元格，单击L20单元格右侧的"自动填充选项"按钮，在弹出的下拉列表中选中"不带格式填充"单选项，如图4-12所示。

步骤 03 在N5单元格中输入公式"=M5*80"，在P5单元格中输入公式"=O5*2%"，在Q5单元格中输入公式"=O5*8%"，在R5单元格中输入公式"=O5*0.4%"，在S5单元格中输入公式"=O5*8%"，然后分别将各公式以不带格式填充的形式填充至各列的其他单元格中。

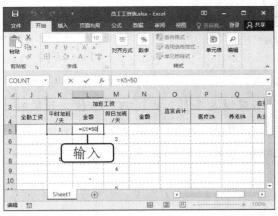

图4-11 输入公式

图4-12 选中"不带格式填充"单选项

活动二 使用逻辑函数IF()

5月份的工作日一共有21天，出勤满21天的员工会有200元的全勤奖，不满21天的则没有，所以小艾准备使用IF()函数判断员工是否具备获得全勤奖的条件，具体操作如下。

步骤 01 选择J5单元格，在【公式】/【函数库】组中单击"插入函数"按钮 *fx*，在打开的"插入函数"对话框的"或选择类别"下拉列表中选择"逻辑"选项，在"选择函数"列表框中选择"IF"选项，单击 确定 按钮，如图4-13所示。

步骤 02 在打开的"函数参数"对话框的"Logical_test"参数框中输入"G5=21"，在"Value_if_true"参数框中输入"200"，在"Value_if_false"参数框中输入"0"，单击 确定 按钮，如图4-14所示。

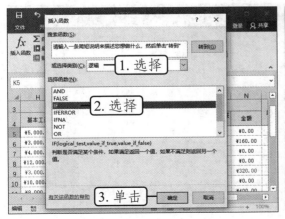

图4-13 选择函数

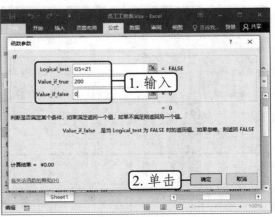

图4-14 设置函数参数

步骤 03 返回工作表后，J5单元格中将显示计算的结果，然后将该公式以不带格式填充的形式向下填充至J20单元格。

> ✎ **经验之谈**
>
> IF()函数可根据指定的条件判断真假，如果满足条件，则返回一个值，如果不满足条件，则返回另外一个值，其语法结构：IF(logical_test,value_if_true,value_if_false)。上述公式"=IF(G5=21,200,0)"表示G5单元格中的实际出勤天数为"21"时，返回"200"，否则返回"0"。

👤 活动三　使用求和函数SUM()

应发工资、加班工资和应扣工资计算完成后，小艾准备使用 SUM() 函数计算出应发合计和实发工资，具体操作如下。

微课视频

使用求和函数 SUM

步骤 01 选择O5单元格，在【公式】/【函数库】组中单击"自动求和"按钮 Σ，系统将在O5单元格中自动输入公式"=SUM(N5)"，由于该公式未包含该员工所有的应发工资数据，所以需要手动将公式更改为"=SUM(H5:J5)+L5+N5"，按【Ctrl+Enter】组合键计算出结果，并将该公式以不带格式填充的形式向下填充至O20单元格，可看到P5:S20单元格区域中的数值随之发生变化，如图4-15所示。

步骤 02 选择U5单元格，输入公式"=O5-SUM(P5:T5)"，按【Ctrl+Enter】组合键计算出结果，并将该公式以不带格式填充的形式向下填充至U20单元格，如图4-16所示。

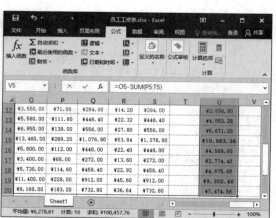

图4-15　计算应发工资　　　　　　　　图4-16　计算实发工资

活动四 使用最大值函数MAX()

由于不同阶段的应纳税额对应的税率和速算扣除数都不一样，如果一个个地判断和计算就会非常麻烦，所以小艾决定使用最大值函数 MAX() 和数组公式来快速计算个人所得税，具体操作如下。

微课视频

使用最大值函数 MAX

步骤 01 选择T5单元格，输入公式"=MAX((O5-SUM(P5:S5)-5000)*{3,10,20,25,30,35,45}%-{0,210,1410,2660,4410,7160,15160},0)"，如图4-17所示。

步骤 02 按【Ctrl+Enter】组合键计算出结果，并将该公式以不带格式填充的形式向下填充至T20单元格，同时可看到实发工资的结果发生了变化，如图4-18所示。

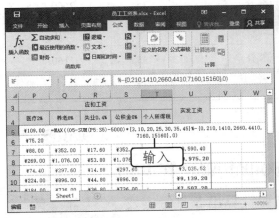

图4-17 输入公式

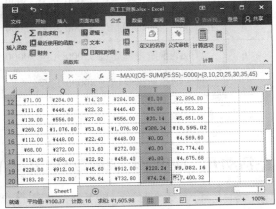

图4-18 计算个人所得税

✏️**经验之谈**

MAX()函数用于返回一组值中的最大值，其语法结构：MAX(number1,[number2],...)。上述公式"=MAX((O5-SUM(P5:S5)-5000)*{3,10,20,25,30,35,45}%-{0,210,1410,2660,4410,7160,15160},0)"表示用应发工资减去应扣工资和个人所得税起征点"5000"的计算结果与相应税级的税率"{3,10,20,25,30,35,45}%"相乘，再用乘积结果减去税率级数对应的速算扣除数"{0,210,1410,2660,4410,7160,15160}"，得到的结果与"0"比较，返回最大值，得到的就是个人所得税。

知识窗

个人所得税根据个人的收入计算，其计算公式：应纳税额＝（工资薪金所得－五险一金－扣除数）× 适用税率－速算扣除数。其中"工资薪金所得－五险一金－扣除数"得到的就是全月应纳税所得额，不同阶段的应纳税所得额所对应的税率和速算扣除数也不同，具体如表4-1所示。

表4-1 个人所得税税率表

级数	全月应纳税所得额	税率 /%	速算扣除数 / 元
1	全月应纳税所得额不超过 3000 元部分	3	0
2	全月应纳税所得额超过 3000 元至 12000 元部分	10	210
3	全月应纳税所得额超过 12000 元至 25000 元部分	20	1410
4	全月应纳税所得额超过 25000 元至 35000 元部分	25	2660
5	全月应纳税所得额超过 35000 元至 55000 元部分	30	4410
6	全月应纳税所得额超过 55000 元至 80000 元部分	35	7160
7	全月应纳税所得额超过 80000 元部分	45	15160

 知识窗

👤 活动五　使用平均值函数AVERAGE()和最小值函数MIN()

员工工资表制作完成后，小艾还需要计算出5月份实发工资的总额、平均工资、最高工资和最低工资，具体操作如下。

微课视频

使用平均值函数
AVERAGE 和最小值
函数 MIN

步骤 01 在A22:A25单元格中分别输入"工资总额""平均工资""最高工资""最低工资"，选择B22单元格，在其中输入公式"=SUM(U5:U20)"，并按【Ctrl+Enter】组合键计算出结果。

步骤 02 选择B23单元格，在【公式】/【函数库】组中单击"自动求和"按钮Σ右侧的下拉按钮▾，在弹出的下拉列表中选择"平均值"选项，如图4-19所示。

步骤 03 将系统设定的原公式"=AVERAGE(B22)"更改为"=AVERAGE(U5:U20)"，并按【Ctrl+Enter】组合键计算出结果。

步骤 04 选择B24单元格，输入公式"=MAX(U5:U20)"，并按【Ctrl+Enter】组合键计算出结果。

步骤 05 选择B25单元格，在"自动求和"下拉列表中选择"最小值"选项，将系统设定的原公式"=MIN(B22:B24)"更改为"=MIN(U5:U20)，并按【Ctrl+Enter】组合键计算出结果，如图4-20所示（配套资源：\效果\项目四\员工工资表.xlsx）。

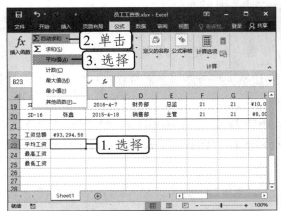

图4-19 选择"平均值"选项 　　　　　图4-20 计算最小值

技能提升

技能一 为合并单元格填充序号

技能二 输入以"0"开头的数字

技能三 查看公式求值过程

技能四 通过粘贴实现简单运算

同步实训

通过制作"员工工资表"表格，小艾不仅熟悉了数据格式、单元格格式和条件格式的设置方法，还学会了使用公式和函数计算数据。为了进一步熟悉相关操作，小艾继续制作"固定资产明细表"表格和"应收账款明细表"表格。

实训一　制作"固定资产明细表"表格

为了了解公司本年度固定资产的增减情况，以及公司生产规模，李经理让小艾制作一份"固定资产明细表"表格，要求详细列明固定资产的各个项目，并用公式和函数计算出相关数据，再适当美化表格。

【制作效果与思路】

本例制作的"固定资产明细表"表格效果如图4-21所示（配套资源：\效果\项目四\固定资产明细表.xlsx），具体制作思路如下。

（1）新建并保存"固定资产明细表"表格，输入"固定资产明细表.txt"文档（配套资源：\素材\项目四\固定资产明细表.txt）中的内容，设置字体格式。

（2）选择A3:P16单元格区域，为其套用"表样式中等深浅13"表格样式，再将表格转换为普通表格，并适当调整表格的行高和列宽。

（3）选择H4单元格，输入公式"=IF(((YEAR($O$2)-YEAR(G4))*12+(MONTH($O$2)-MONTH(G4))-1)>0,(YEAR($O$2)-YEAR(G4))*12+(MONTH($O$2)-MONTH(G4))-1,0)"，并将公式向下填充至H16单元格。

（4）选择I4单元格，输入公式"=INT(H4/12)"；选择L4单元格，输入公式"=D4*J4"；选择M4单元格，输入公式"=SLN(D4,L4,F4)"；选择N4单元格，输入公式"=ROUND(M4/12,2)，并将各公式填充至相应列的其他单元格中。

（5）编号为1008的固定资产已计提完毕，但仍在使用，所以应在O4单元格中输入修正公式"=IF(F4>I4,N4,0)"，并将公式向下填充至O16单元格。

（6）编号为1013的计算机是本月新增固定资产，本月不应该计提折旧，所以应在P4单元格中输入修正公式"=IF(H4<=0,0,O4)"，并将公式向下填充至P16单元格。

图4-21　"固定资产明细表"表格效果

实训二　制作"应收账款明细表"表格

为了了解合作公司截至目前的货款支付情况，李经理让小艾制作"应收账款明细表"表格，要求输入数据后美化表格，并用公式和函数计算出相关数据，再为计算出的"账款收回比例"列应用条件格式。

【制作效果与思路】

本例制作的"应收账款明细表"表格效果如图 4-22 所示（配套资源：\效果\项目四\应收账款明细表.xlsx），具体制作思路如下。

（1）新建并保存"应收账款明细表"表格，输入"应收账款明细表.txt"文档（配套资源：\素材\项目四\应收账款明细表.txt）中的内容，设置字体格式并合并部分单元格。

（2）选择C4:L14单元格区域，设置数据格式为"货币"，选择M4:M14单元格区域，设置数据格式为"百分比"，再为A4:M14单元格区域自定义边框样式。

（3）为A2:M3单元格区域添加"蓝色,个性色1,淡色60%"的底纹颜色，为A4:M14单元格区域添加"白色,背景1,深色5%"的底纹颜色。

（4）在J4单元格中输入公式"=SUM(C4:F4)"，在K4单元格中输入公式"=SUM(G4:I4)"，在L4单元格中输入公式"=J4-K4"，在M4单元格中输入公式"=K4/J4"，并将各公式向下填充至相应的单元格中；在C14单元格中输入公式"=SUM(C4:C13)"，并将该公式向右填充至L14单元格。

（5）选择M4:M14单元格区域，为其添加"渐变填充-蓝色数据条"样式的条件格式。

图4-22 "应收账款明细表"表格效果

模块三
采购管理

项目五　制作"采购工作总结"演示文稿

职场情境

　　公司采购部要对上半年的工作情况进行总结，并召开总结会，总结会上需要用演示文稿展示，但采购部的任务比较繁重，因此李经理将制作"采购工作总结"演示文稿的任务交给了小艾。

　　小艾将制作完成的演示文稿发送给李经理查看，李经理说这是一份不合格的演示文稿，因为里面有一些错别字，也没有设置文本格式、段落格式和幻灯片背景等，通篇都是白色的背景和黑色的文字，这份演示文稿看起来既不生动，也不形象，给人一种呆板的感觉。所以，李经理建议小艾先设计演示文稿的框架，然后再编辑幻灯片中的文本格式和段落格式，最后再将其保存在计算机中。

学习目标

知识目标

（1）掌握设计演示文稿框架的方法。

（2）掌握在幻灯片中编辑文本和段落格式的方法。

（3）掌握保存演示文稿的方法。

技能目标

（1）能够学习网上优秀设计案例的配色、排版布局，使演示文稿更加美观。

（2）能够借用 PowerPoint 中的联机模板，提高演示文稿的制作效率。

素养目标

（1）培养利用资源、工具等提升职业技能和职业素养的意识。

（2）培养符合时代要求的信息化办公能力和职业素养。

案例效果

任务一　设计演示文稿框架

任务描述

在设置"采购工作总结"演示文稿的背景时，小艾比较纠结，此时李经理告诉小艾，如果没有好的设计创意，可以先在网上找一些合适的模板，或是在 PowerPoint 中搜索联机模板和主题来创建演示文稿，从而为演示文稿设置统一的背景、外观，使整个演示文稿风格统一，然后再删除一些不需要的幻灯片。

任务实施

活动一　根据模板创建演示文稿

PowerPoint 中的模板效果美观、结构清晰，因此小艾准备根据其中的模板创建演示文稿，具体操作如下。

微课视频

根据模板创建演示文稿

步骤 01 进入 Windows 操作系统后，单击桌面左下角的"开始"按钮⊞，在弹出的"开始"菜单中选择"PowerPoint 2016"选项。

步骤 02 启动 PowerPoint 2016，在打开界面的"搜索联机模板和主题"文本框中输入"总结"，单击"开始搜索"按钮🔍，如图 5-1 所示。

步骤 03 打开"新建"界面，在其中选择"工作总结-简约商务-红蓝-PPT模板"选项，如图 5-2 所示。

图5-1　搜索模板

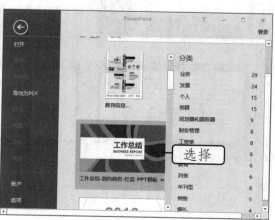

图5-2　选择模板

步骤 04 在打开的对话框中单击"创建"按钮□，PowerPoint将会创建一个以"演示文稿1"为名的演示文稿模板，如图5-3所示。

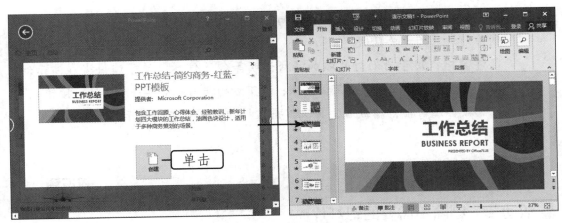

图5-3 创建演示文稿模板

知识窗

Word 文档由若干页面组成，Excel 工作簿由若干工作表组成，用 PowerPoint 制作的演示文稿则是由若干幻灯片组成。换句话说，幻灯片就是制作并存储需要被演示的文字、图像和动画的场所，是组成演示文稿的基本单位。

演示文稿的组成部分与 Word 文档和 Excel 工作簿的相应部分的作用相同，下面仅介绍 PowerPoint 中特有的组成部分，如图 5-4 所示。

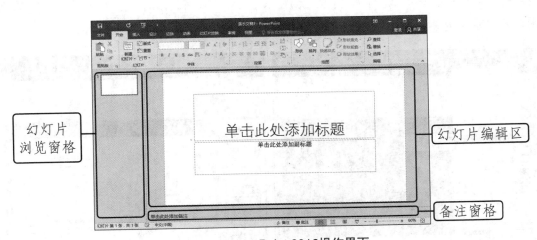

图5-4 PowerPoint 2016操作界面

- **幻灯片浏览窗格**：用于显示当前演示文稿中包含的幻灯片，并且可对幻灯片进行选择、新建、删除、复制、移动等基本操作，但不能对其中的内容进行编辑。
- **幻灯片编辑区**：用于显示或编辑幻灯片中的文本、图片、图形等内容，是制作幻灯片的主要区域。
- **备注窗格**：用于为幻灯片添加解释说明等备注信息，便于演讲者在演示幻灯片时查看，但一般不使用该区域；在下方的状态栏中单击"备注"按钮，可隐藏备注窗格；隐藏后，再次单击该按钮，则可重新显示备注窗格。

知识窗

活动二　删除不需要的幻灯片

根据模板创建好演示文稿后，小艾发现该模板内的幻灯片张数太多了，而她只需要7张幻灯片，因此需要删除一部分幻灯片，具体操作如下。

微课视频

删除不需要的幻灯片

步骤 01 按住【Ctrl】键，在幻灯片浏览窗格中同时选择第3张、第5张、第7～第11张、第13～第17张、第20张幻灯片，按【Delete】键，或在其上单击鼠标右键，在弹出的快捷菜单中选择"删除幻灯片"命令，如图5-5所示。

步骤 02 不需要的幻灯片将会被删除，只留下剩余的7张幻灯片，效果如图5-6所示。

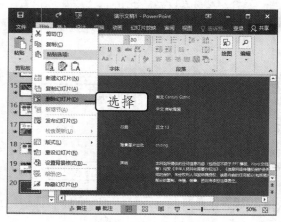
图5-5　选择"删除幻灯片"命令

图5-6　删除幻灯片后的效果

任务二 创建与编辑幻灯片中的文本

👤 任务描述

演示文稿的框架搭建好之后，小艾需要在演示文稿的占位符中输入与"采购工作总结"演示文稿相关的文本，并设置其文本格式。当所有文本输入完成后，小艾还需要用 PowerPoint 的查找与替换功能查找文中是否存在错别字，并将其改正。

👤 任务实施

👤 活动一　在文本占位符中输入文本

模板中的文本占位符只是起到了占据位置的作用，具体的内容还需要用户手动输入，于是小艾准备在各张幻灯片的文本占位符中输入相应的内容，具体操作如下。

微课视频

在文本占位符中输入文本

步骤 01 在幻灯片浏览窗格中选择第1张幻灯片，在标题占位符"工作总结"前面输入"采购"二字，选择副标题占位符，将其中的文本修改为"——小艾"，接着选择第3个正文占位符，按【Delete】键将其删除，效果如图5-7所示。

步骤 02 选择第2张幻灯片，依次修改前3个正文占位符中的内容为"01 上半年工作总结""02 存在的问题及改进措施""03 下半年工作计划"，并删除第4个正文占位符。

✏️ **经验之谈**

文本占位符包括标题占位符、副标题占位符和正文占位符等。在制作演示文稿时，用户可以在标题占位符中添加标题文字，在副标题占位符中添加副标题文本，在正文占位符中添加文字、表格、图片或图表等。

另外，如果文本占位符的长度不够，那么输入的文本就会自动换行，此时可以将鼠标指针移至文本占位符的两侧框线上，当鼠标指针变成⟷形状时，拖曳鼠标可调整文本占位符的宽度。

步骤 03 选择第3张幻灯片，将该张幻灯片的标题修改为"01 上半年工作总

结"，删除幻灯片编辑区中除"01"编号和"02"编号以外的所有对象。

步骤 04 选择"01"编号，当鼠标指针变成形状时，拖曳至幻灯片页面的左上角，打开"采购工作总结.txt"文档（配套资源：\素材\项目五\采购工作总结.txt），选择"圆满完成了公司的采购任务"，接着按【Ctrl+C】组合键进行复制。

步骤 05 返回演示文稿，按【Ctrl+V】组合键进行粘贴，并将粘贴后的文本占位符移至"01"编号后，然后使用同样的方法将其他文本粘贴至该张幻灯片和其他幻灯片中，第3张幻灯片的效果如图5-8所示。

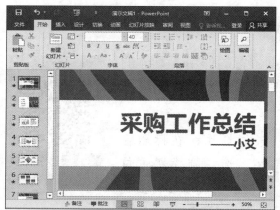
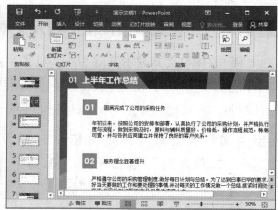

图5-7　第1张幻灯片编辑后的效果　　图5-8　第3张幻灯片的效果

活动二　设置文本格式

输入文本后，小艾准备设置文本格式，具体操作如下。

微课视频

设置文本格式

步骤 01 选择第1张幻灯片中的"采购工作总结"文本，在【开始】/【字体】组中的"字体"下拉列表中选择"方正隶书_GBK"选项，在"字号"下拉列表中选择"88"选项，并单击"加粗"按钮B，如图5-9所示。

步骤 02 在【开始】/【字体】组中单击"字体颜色"按钮A右侧的下拉按钮，在弹出的下拉列表中选择"玫瑰红,个性色4,深色50%"选项，如图5-10所示。

步骤 03 选择"——小艾"文本，设置"字体"为"方正楷体简体"、"字号"为"32"、"字体颜色"为"黑色,文字1"，并加粗字体，然后同时选择文本"采购工作总结"和"——小艾",按【↓】键,调整其位置,使其位于空白区域的中间位置。

步骤 04 使用同样的方法设置其他幻灯片中的文本格式。

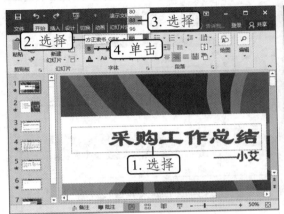

图5-9 设置字体和字号　　　　图5-10 设置字体颜色

活动三 查找与替换文本

小艾检查了一遍演示文稿中的内容后,发现里面有一些错别字,所以准备使用 PowerPoint 的查找与替换功能改正错误文本,具体操作如下。

微课视频

查找与替换文本

步骤 01 按【Ctrl+F】组合键,或在【开始】/【编辑】组中单击"编辑"按钮 🔍,在弹出的下拉列表中选择"查找"选项,如图5-11所示。

步骤 02 在打开的"查找"对话框的"查找内容"文本框中输入"帐",单击 查找下一个(F) 按钮,如图5-12所示。

步骤 03 系统会自动跳转至第3张幻灯片,且查找到的文本会呈灰色底纹显示,再次单击 查找下一个(F) 按钮,系统会自动查找下一个与查找内容相符的文本。

步骤 04 全部查找完成后,在"查找"对话框中单击 替换(R)... 按钮,该对话框将变为"替换"对话框;在"替换为"文本框中输入正确的文本"账",并单击 全部替换(A) 按钮,如图5-13所示。

步骤 05 打开已完成替换的提示对话框,单击 确定 按钮,如图5-14所示。

返回"替换"对话框，单击"关闭"按钮⊠，返回演示文稿，查看替换后的效果。

图5-11　选择"查找"选项

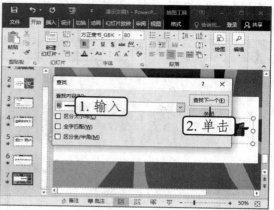

图5-12　输入并查找内容

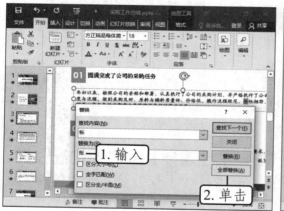

图5-13　替换内容

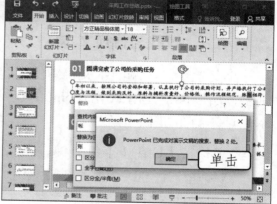

图5-14　完成替换

步骤 06 按【Ctrl+H】组合键，再次打开"替换"对话框，使用同样的方法将英文状态下的逗号"，"替换为中文状态下的逗号"，"。

> ✏️ **经验之谈**
>
> 在【开始】/【编辑】组中单击"替换"按钮右侧的下拉按钮▾，在弹出的下拉列表中选择"替换字体"选项，可在打开的"替换字体"对话框中像替换文本一样统一替换字体。

任务三　设置幻灯片中的段落格式

任务描述

李经理告诉小艾，要想使演示文稿中的内容显得有条理、结构清晰，还需要设置幻灯片中段落的对齐方式、缩进与行距，以及添加编号和项目符号等。

任务实施

活动一　设置段落的对齐方式

排版整齐的演示文稿会让人觉得有可读性，使读者的阅读体验更佳，因此小艾准备设置段落的对齐方式，具体操作如下。

微课视频

设置段落的对齐方式

步骤 01 在按住【Ctrl】键的同时选择第3张幻灯片中的"01"编号和"02"编号，在【绘图工具 格式】/【排列】组中单击"对齐"按钮 ，在弹出的下拉列表中选择"左对齐"选项，如图5-15所示。

步骤 02 选择"年初以来，按照……客户关系。"段落所在的占位符，在【开始】/【段落】组中单击"两端对齐"按钮 ，如图5-16所示。

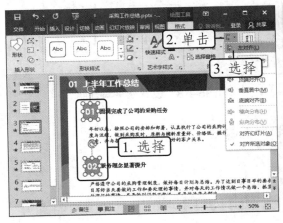

图5-15　选择"左对齐"选项

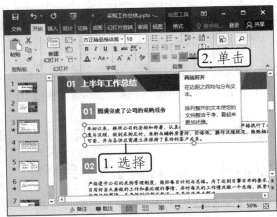

图5-16　单击"两端对齐"按钮

步骤 03 在【开始】/【剪贴板】组中单击"格式刷"按钮 ，当鼠标指针变成 形状时，拖曳鼠标选择"服务理念显著提升"下方的段落，为其应用同样的格式，然后使用同样的方法设置其他幻灯片中的段落对齐方式。

🧑 活动二　设置段落的缩进与行距

为了凸显演示文稿中段落的整体结构，方便观众阅读，小艾将对段落的缩进和行距进行设置，具体操作如下。

步骤 01 选择第3张幻灯片中"年初以来，按照……客户关系。"段落和"严格遵守……快速度去解决。"段落所在的占位符，在【开始】/【段落】组中单击右下角的"对话框启动器"按钮⌐，如图5-17所示。

步骤 02 打开"段落"对话框，在"缩进和间距"选项卡的"缩进"栏中的"特殊格式"下拉列表中选择"首行缩进"选项，在"间距"栏的"段后"数值框中输入"6磅"，在"行距"下拉列表中选择"1.5倍行距"选项，单击 确定 按钮，如图5-18所示。

图5-17　单击"对话框启动器"按钮

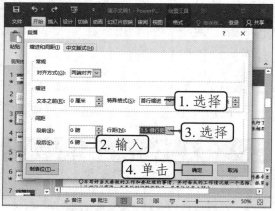
图5-18　设置缩进与行距

步骤 03 使用同样的方法设置其他幻灯片中的段落格式。

🧑 活动三　设置编号和项目符号

小艾准备为段落设置编号和项目符号，使其内容条理清晰，重点突出，具体操作如下。

步骤 01 选择第3张幻灯片中"服务理念显著提升"下方的段落，在【开始】/【段落】组中单击"编号"按钮☰右侧的下拉按钮▾，在弹出的下拉列表中选择"1.2.3."样式的编号，如图5-19所示。

步骤 02 选择第4张幻灯片中的5个段落,为其应用相同样式的编号后,在"编号"下拉列表中选择"项目符号和编号"选项,打开"项目符号和编号"对话框,在"编号"选项卡的"起始编号"数值框中输入"2",单击 确定 按钮,如图5-20所示。

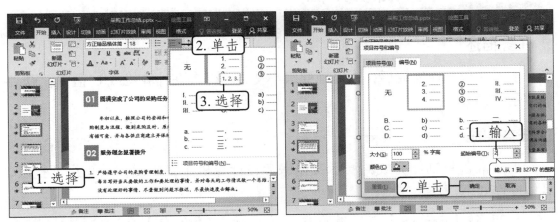

图5-19 选择编号样式 　　　　　　　　图5-20 设置起始编号

步骤 03 选择第5张幻灯片中"01"编号和"02"编号下方的正文占位符,在【开始】/【段落】组中单击"项目符号"按钮 右侧的下拉按钮 ,在弹出的下拉列表中选择"项目符号和编号"选项。

步骤 04 在打开的"项目符号和编号"对话框中单击"自定义"按钮,打开"符号"对话框,在"子集"下拉列表中选择"几何图形符"选项,在下方的列表框中选择"◎"选项,单击 确定 按钮,如图5-21所示。

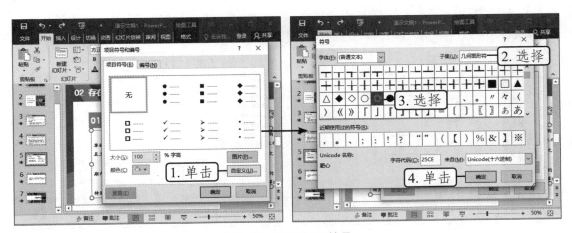

图5-21 添加项目符号

步骤 05 返回"项目符号和编号"对话框，单击 确定 按钮，返回演示文稿，查看添加项目符号后的效果。

任务四 保存演示文稿

任务描述

演示文稿制作完成后，李经理要求小艾将其保存在计算机或 U 盘中，以避免演示文稿丢失。

任务实施

小艾准备将制作完成的演示文稿保存在计算机中，以便传给李经理批改，具体操作如下。

步骤 01 按【Ctrl+S】组合键或选择【文件】/【保存】命令，打开"另存为"界面，选择"浏览"选项，如图5-22所示。

步骤 02 在打开的"另存为"对话框的地址栏中设置演示文稿的保存位置，在"文件名"文本框中输入"采购工作总结"，在"保存类型"下拉列表中选择"PowerPoint 演示文稿 (*.pptx)"选项，单击 保存(S) 按钮，如图5-23所示（配套资源：\效果\项目五\采购工作总结.pptx）。

微课视频

保存演示文稿

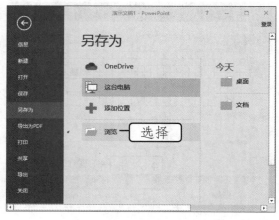

图5-22　选择"浏览"选项

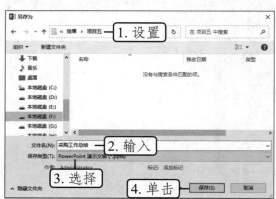

图5-23　保存演示文稿

技能提升

技能一 使用节管理幻灯片

技能二 将字体嵌入文件

技能三 将演示文稿另存为模板

同步实训

通过制作"采购工作总结"演示文稿，小艾不仅熟悉了演示文稿框架的设计方法、文本格式和段落格式的设置方法，还掌握了演示文稿的保存方法。为了进一步熟悉相关操作，小艾继续制作"采购管理"演示文稿和"供应链管理"演示文稿。

实训一 制作"采购管理"演示文稿

李经理让小艾制作一份关于采购管理的演示文稿，要求用 PowerPoint 中的模板创建，并修改幻灯片中文本的字体格式和段落格式，同时要求演示文稿的效果美观、结构布局合理。

【制作效果与思路】

本例制作的"采购管理"演示文稿效果如图 5-24 所示（配套资源：\效果\项目五\采购管理 .pptx），具体制作思路如下。

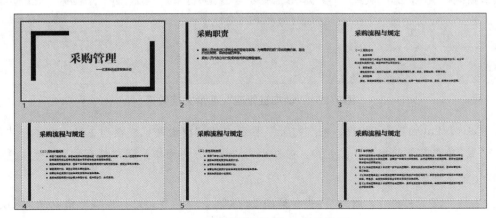

图5-24 "采购管理"演示文稿效果

（1）启动PowerPoint 2016，在打开的界面中选择"剪切"选项，在第1张幻灯片中的标题占位符中输入"采购管理"，并设置字体格式为"方正风雅宋简体、80"，设置字体颜色为"水绿色,个性色5,深色50%"；在副标题占位符中输入"——江苏松达运营有限公司"，并设置字体格式为"方正风雅宋简体、20"。

（2）在幻灯片浏览窗格中的空白区域处单击，按8次【Enter】键，并在新建的8张幻灯片中输入"采购管理.txt"文档（配套资源：\素材\项目五\采购管理.txt）中的内容。

（3）设置幻灯片中的文本格式和段落格式，并将演示文稿保存在计算机中。

实训二　制作"供应链管理"演示文稿

为了提高供应商、制造商、零售商的业务效率，使商品以正确的数量和良好的品质在正确的地点以准确的时间和最佳的成本进行生产和销售，李经理要求小艾用 PowerPoint 中的模板制作一份"供应链管理"演示文稿，再根据具体内容删减幻灯片，并设置文本的字体格式和段落格式。

【制作效果与思路】

本例制作的"供应链管理"演示文稿效果如图 5-25 所示（配套资源：\效果\项目五\供应链管理.pptx），具体制作思路如下。

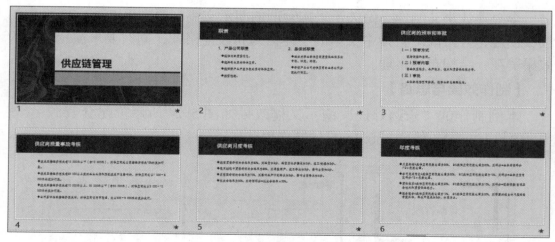

图5-25　"供应链管理"演示文稿效果

（1）启动PowerPoint 2016，在"打开"界面中的"搜索联机模板和主题"文本框中输入"管理"，单击"开始搜索"按钮🔍，在打开的"新建"界面中选择"教育主题演示文稿，黑板插图设计（宽屏）"选项。

（2）打开演示文稿后，删除第9张和第10张幻灯片，然后在幻灯片浏览窗格中选择第6张幻灯片，按【Ctrl+X】组合键进行剪切，再选择第9张幻灯片，按【Ctrl+V】组合键进行粘贴，使复制的第6张幻灯片显示在最后。

（3）在第1张幻灯片的标题占位符中输入"供应链管理"，并设置字体格式为"思源黑体 CN Bold、60、加粗"，删除副标题占位符。

（4）使用同样的方法在其余幻灯片中输入"供应链管理.txt"文档（配套资源：\素材\项目五\供应链管理.txt）中的内容，然后再分别设置字体格式和段落格式等。

（5）按【Ctrl+S】组合键，将制作完成的演示文稿以"供应链管理"为名保存在计算机中。

模块三
采购管理

项目六　制作"仓库安全管理"演示文稿

职场情境

　　公司最近购入了一批货物，现存放于仓库中。为了能及时发现并消除各种安全隐患，有效防止灾害事故的发生，保护仓库中人、财、物的安全，李经理让小艾制作一份图文并茂的"仓库安全管理"演示文稿，要求仓库人员认真熟读，并在日常的工作中严格执行。

学习目标

知识目标

（1）掌握应用 PowerPoint 内置主题的方法。

（2）掌握自定义主题与保存主题的方法。

（3）掌握在幻灯片中插入并编辑各种对象的方法。

技能目标

（1）能够通过应用内置主题、修改主题颜色和字体快速美化幻灯片。

（2）能够在幻灯片中熟练运用形状、图片、SmartArt 图形和表格等对象，丰富幻灯片中的展示效果。

素养目标

（1）学会综合运用信息技术来解决实际的问题，从而激发学习兴趣。

（2）在学习中反思、总结，调整自己的学习目标，以取得更高水平的发展。

案例效果

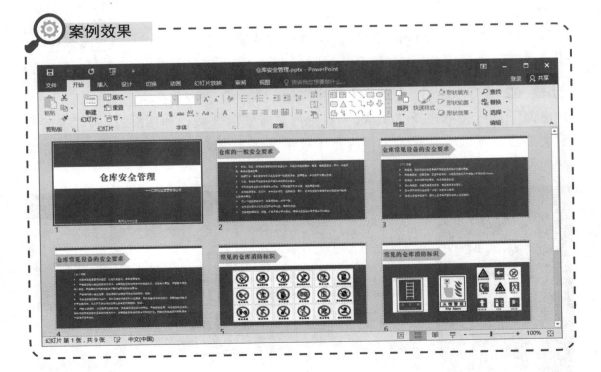

任务一　设计演示文稿主题

任务描述

李经理告诉小艾，在设计"仓库安全管理"演示文稿的背景时，可以使用联机模板，也可以使用 PowerPoint 内置的多种演示文稿主题，若不满意其效果，还可以选择自定义主题颜色和字体，将其保存后作为新的主题样式使用。因此，小艾决定新建"仓库安全管理"演示文稿，并为其应用 PowerPoint 内置的主题，再保存自定义的主题颜色和字体。

任务实施

活动一　应用内置主题

搜集仓库安全管理的相关资料后，小艾准备先新建一个"仓库安全管理"演示文稿，再为其应用内置的主题，具体操作如下。

微课视频

应用内置主题

步骤 01 启动PowerPoint 2016，在打开的界面中选择"空白演示文稿"选项，如图6-1所示。

步骤 02 在【设计】/【主题】组中单击"其他"按钮▼，在弹出的下拉列表中选择"Office"栏中的"带状"选项，如图6-2所示。返回演示文稿后，可以看见演示文稿的整体效果发生了改变，包括字体、背景、占位符的位置等。

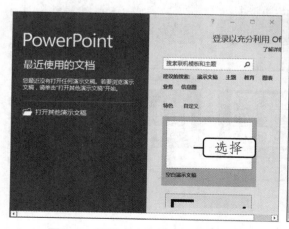

图6-1　选择"空白演示文稿"选项

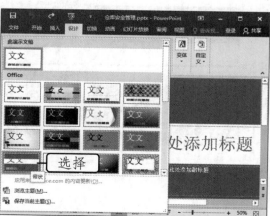

图6-2　选择主题

活动二 自定义主题颜色和字体

在应用了内置主题后，小艾准备自定义主题颜色和字体，具体操作如下。

微课视频

自定义主题颜色和字体

步骤 01 在【设计】/【变体】组中单击"变体"按钮▲，在弹出的下拉列表中选择"颜色"选项，在弹出的子列表中选择"自定义颜色"选项，如图6-3所示。

步骤 02 在打开的"新建主题颜色"对话框的"文字/背景-深色2"下拉列表中选择"其他颜色"选项，如图6-4所示。

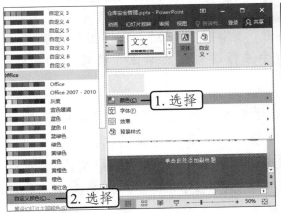

图6-3 选择"自定义颜色"选项

图6-4 选择"其他颜色"选项

步骤 03 在打开的"颜色"对话框的"自定义"选项卡中的"红色"数值框中输入"49"，在"绿色"数值框中输入"133"，在"蓝色"数值框中输入"155"，单击 确定 按钮，如图6-5所示。

步骤 04 返回"新建主题颜色"对话框，在"名称"文本框中输入"主题颜色"，单击 保存(S) 按钮，如图6-6所示。

> ✎ **经验之谈**
>
> 在"新建主题颜色"对话框中保存自定义的主题后，该主题会出现在"颜色"下拉列表中的"自定义"栏中。若要删除自定义的主题，则可选择该主题，单击鼠标右键，在弹出的快捷菜单中选择"删除"命令；也可以选择"编辑"命令，在打开的"编辑主题颜色"对话框中重新设置主题颜色。

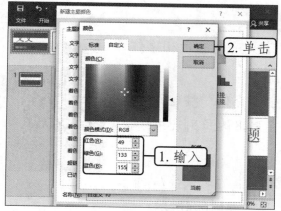

图6-5　设置颜色参数

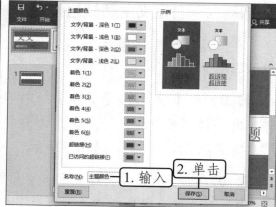

图6-6　保存自定义的主题颜色

步骤 05 在【设计】/【变体】组中单击"变体"按钮▲，在弹出的下拉列表中选择"字体"选项，在弹出的子列表中选择"自定义字体"选项，如图6-7所示。

步骤 06 在打开的"新建主题字体"对话框的"西文"栏中的"标题字体(西文)"下拉列表中选择"汉仪粗宋简"选项，在"正文字体(西文)"下拉列表中选择"方正报宋简体"选项，在"中文"栏中的"标题字体(中文)"下拉列表中选择"汉仪粗宋简"选项，在"正文字体(中文)"下拉列表中选择"方正报宋简体"选项，在"名称"文本框中输入"主题字体"文本，单击 保存(S) 按钮，如图6-8所示。

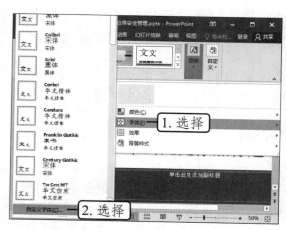

图6-7　选择"自定义字体"选项

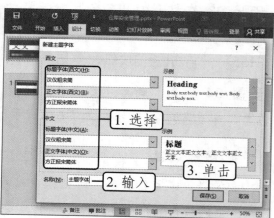

图6-8　设置并保存主题字体

返回演示文稿后，可看到自定义主题颜色和字体后的效果。

活动三　保存当前主题

设置好主题颜色和字体后,小艾准备将这个新的主题保存在计算机中,以便日后可以直接应用,具体操作如下。

步骤 01 在【设计】/【主题】组中单击"其他"按钮▾,在弹出的下拉列表中选择"保存当前主题"选项,如图6-9所示。

步骤 02 在打开的"保存当前主题"对话框中设置好主题的保存位置后,在"文件名"文本框中输入"自定义主题"文本,保持"保存类型"的默认设置,单击 保存(S) 按钮,如图6-10所示(配套资源:\效果\项目六\自定义主题.thmx)。

图6-9　选择"保存当前主题"选项

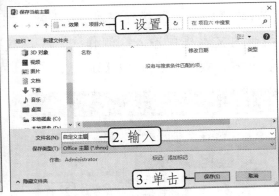

图6-10　保存当前主题

任务二　补充幻灯片内容

任务描述

新建演示文稿后,小艾发现里面只有一张幻灯片,且该张幻灯片中除了标题占位符和副标题占位符外,没有其他内容。因此,为了丰富演示文稿,小艾需要先新建多张幻灯片,然后在幻灯片中输入与仓库管理相关的文本内容,并在对应的幻灯片中插入形状、图片、SmartArt图形及表格等对象。

任务实施

活动一　在幻灯片中输入文本内容

微课视频

在幻灯片中输入文本内容

　　小艾需要先在第1张幻灯片中输入演示文稿的标题、公司名称和制作人姓名，然后再新建幻灯片并输入其他文本内容，具体操作如下。

步骤 01 将演示文稿1保存为"仓库安全管理.pptx"的演示文稿。将文本插入点定位至幻灯片的标题占位符中，输入"仓库安全管理"文本，然后在副标题占位符中输入"——江苏松达运营有限公司"文本，并设置文本的对齐方式为"右对齐"。

步骤 02 在【插入】/【文本】组中单击"文本框"按钮下方的下拉按钮，在弹出的下拉列表中选择"横排文本框"选项，如图6-11所示。

步骤 03 当鼠标指针变成↓形状时，按住鼠标左键拖曳绘制一个文本框，并在绘制的文本框中输入"制作人——小艾"文本，接着将文本框移至页面中间的最下方，效果如图6-12所示。

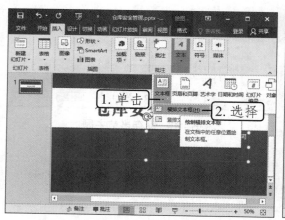

图6-11　选择"横排文本框"选项

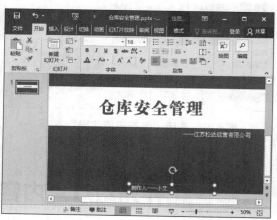

图6-12　添加文本框后的效果

步骤 04 在幻灯片浏览窗格中的任意位置单击，按【Enter】键新建一张幻灯片。

步骤 05 将第2张幻灯片中的标题占位符移动至页面最左侧，并在其中输入"仓库的一般安全要求"文本，然后将文本插入点定位至正文占位符中，在其中输入"仓库的一般安全要求"对应的内容（配套资源：\素材\项目六\仓库安全管理.txt）。

步骤 06 选择正文占位符中的文本，为其添加项目符号后，设置字号为"16"，段落格式为"首行缩进"，段落间距的段前为"0磅"，段后为"6磅"，行距为"1.5倍行距"，效果如图6-13所示。

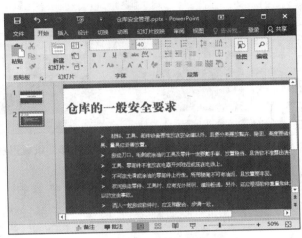

图6-13 第2张幻灯片编辑后的效果

步骤 07 在幻灯片浏览窗格中选择第2张幻灯片，按【Ctrl+C】组合键，再按7次【Ctrl+V】组合键，然后根据"仓库安全管理.txt"文档修改各张幻灯片中的标题与其他文本。

步骤 08 在第3张和第4张幻灯片中根据"仓库安全管理.txt"文档中的内容做相应的修改，并删除第5～第9张幻灯片中正文占位符中的内容。

活动二 在幻灯片中插入形状

在幻灯片中输入文本内容后，小艾准备在标题下方插入形状，使标题更加突出，具体操作如下。

微课视频

在幻灯片中插入形状

步骤 01 选择第2张幻灯片，在【插入】/【插图】组中单击"形状"按钮，在弹出的下拉列表中选择"箭头总汇"栏中的"五边形"选项，如图6-14所示。

步骤 02 当鼠标指针变成＋形状时，拖曳鼠标绘制形状。选择该形状，在【绘图工具 格式】/【形状样式】组中单击"形状填充"按钮右侧的下拉按钮，在弹出的下拉列表中选择"白色,文字1,深色15%"选项，如图6-15所示。

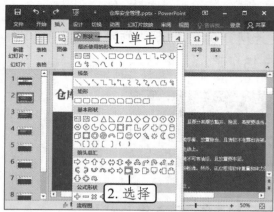

图6-14　选择形状

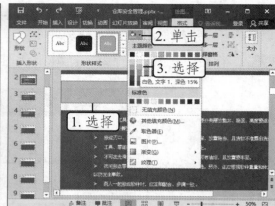

图6-15　设置形状的填充颜色

步骤 03 在【绘图工具 格式】/【形状样式】组中单击"形状轮廓"按钮
📝右侧的下拉按钮▼，在弹出的下拉列表中选择"无轮廓"选项，如图6-16
所示。

步骤 04 在【绘图工具 格式】/【排列】组中单击"下移一层"按钮🔳右
侧的下拉按钮▼，在弹出的下拉列表中选择"置于底层"选项，如图6-17
所示。

图6-16　选择轮廓颜色

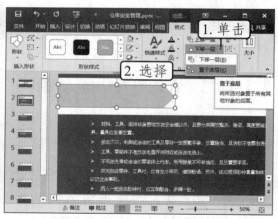

图6-17　设置形状的排列顺序

步骤 05 选择形状，按【Ctrl+C】组合键进行复制，将其分别粘贴至第3～第
9张幻灯片中，并将其置于标题下方，然后再根据标题的长度适当调整形状的
宽度。

活动三 在幻灯片中插入图片

仓库管理涉及很多安全标志，小艾制作演示文稿时，需要将对应的标志图片插入幻灯片中，具体操作如下。

步骤 01 选择第5张幻灯片，在正文占位符中单击"图片"按钮，或在【插入】/【图像】组中单击"图片"按钮，如图6-18所示。

在幻灯片中插入图片

步骤 02 在打开的"插入图片"对话框中，选择"项目六"文件夹中的"图片1.jpg"（配套资源：\素材\项目六\图片1.jpg）后，单击 插入(S) 按钮，如图6-19所示。

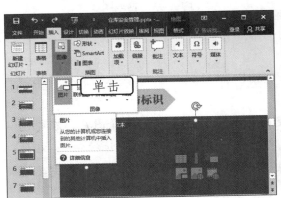

图6-18 单击"图片"按钮

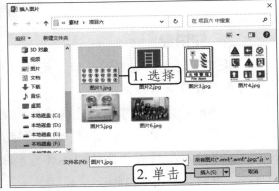

图6-19 选择图片

步骤 03 返回演示文稿，选择图片，将鼠标指针移至图片右下角，当鼠标指针变成 形状时，拖曳鼠标以调整图片的大小。

步骤 04 使用同样的方法在第6张幻灯片中插入"图片2.jpg""图片3.jpg""图片4.jpg"等图片（配套资源：\素材\项目六\图片2.jpg、图片3.jpg、图片4.jpg），然后同时选择这3张图片，在【图片工具 格式】/【排列】组中单击"对齐"按钮，在弹出的下拉列表中选择"底端对齐"选项，如图6-20所示。

步骤 05 在第7张幻灯片中插入"图片5.jpg"和"图片6.jpg"（配套资源：\素材\项目六\图片5.jpg、图片6.jpg），然后选择插入的"图片5.jpg"，在【图片工具 格式】/【大小】组中单击"裁剪"按钮，当图片进入裁剪状态后，拖曳鼠标以调整裁剪区域，如图6-21所示。

步骤 06 图片裁剪完成后，在空白区域单击，或再次单击"裁剪"按钮，退出图片裁剪状态。

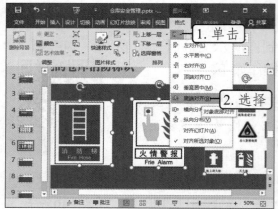

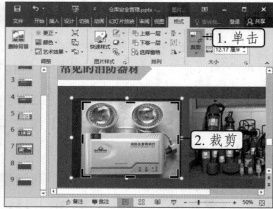

图6-20　设置图片的对齐方式　　　　　　图6-21　裁剪图片

 知识窗

除了上述直接裁剪图片的方式外，PowerPoint还提供了按形状裁剪和按比例裁剪两种图片裁剪方式。

- **按形状裁剪**：可将图片裁剪为指定的形状。其方法是：选择图片，在【图片工具 格式】/【大小】组中单击"裁剪"按钮下方的下拉按钮，在弹出的下拉列表中选择"裁剪为形状"选项，在弹出的子列表中选择需要的形状，如图6-22所示。

- **按比例裁剪**：可根据指定的比例裁剪图片。其方法是：选择图片，在【图片工具 格式】/【大小】组中单击"裁剪"按钮下方的下拉按钮，在弹出的下拉列表中选择"纵横比"选项，在弹出的子列表中选择需要的纵横比，如图6-23所示。

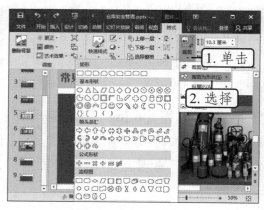

图6-22　按形状裁剪　　　　　　　　　图6-23　按比例裁剪

 知识窗

活动四　在幻灯片中插入SmartArt图形

小艾准备将仓库发生火灾的原因等相关内容制作成
SmartArt 图形，这样做既可以提升演示文稿的生动性，又可以
起到强调警示的作用，具体操作如下。

微课视频

在幻灯片中插入
SmartArt 图形

步骤 01 选择第8张幻灯片，在【插入】/【插图】组中单击
"SmartArt"按钮，如图6-24所示。

步骤 02 在打开的"选择SmartArt图形"对话框的"全部"
选项卡的"列表"列表框中选择"基本列表"选项，单击 确定 按钮，如图6-25
所示。

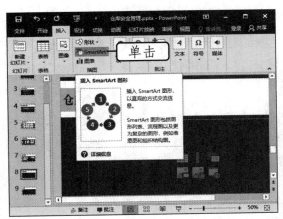

图6-24　单击"SmartArt"按钮

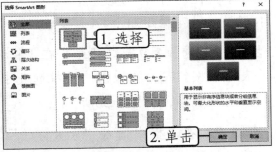

图6-25　选择SmartArt图形

步骤 03 在SmartArt图形的5个形状内输入与"仓库发生火灾的原因"相应的
文本，并为其设置首行缩进，然后使前4个形状中的文本左对齐，让最后一个
形状中的文本居中。

步骤 04 选择SmartArt图形，在【SmartArt工具 设计】/【SmartArt样式】
组中单击"更改颜色"按钮，在弹出的下拉列表中选择"个性色5"栏中的
"彩色填充-个性色5"选项，如图6-26所示。

步骤 05 在【SmartArt工具 设计】/【SmartArt样式】组中单击"快速样式"
按钮，在弹出的下拉列表中选择"三维"栏中的"优雅"选项，如图6-27
所示。

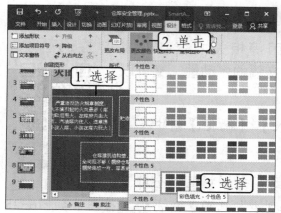

图6-26　设置SmartArt图形的颜色

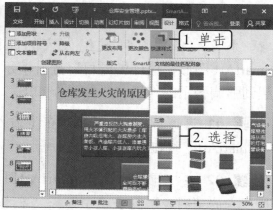

图6-27　设置SmartArt图形的样式

👤 活动五　在幻灯片中插入表格

由于有些幻灯片中的内容较多，看起来很拥挤，所以李经理让小艾在幻灯片中通过插入表格来简化内容，并优化内容展示效果，具体操作如下。

微课视频

在幻灯片中插入表格

步骤 01 选择第9张幻灯片，在【插入】/【表格】组中单击"表格"按钮▦，在弹出的下拉列表中通过拖曳鼠标插入一个4行3列的表格，如图6-28所示。

步骤 02 在表格中输入"灭火方法"及与灭火方法对应的灭火原理和具体措施后，将鼠标指针移至第1列与第2列之间的分隔线上，当鼠标指针变成↔形状时，向左拖曳鼠标以调整第1列的宽度，如图6-29所示，然后使用同样的方法调整其他列的宽度。

图6-28　插入表格

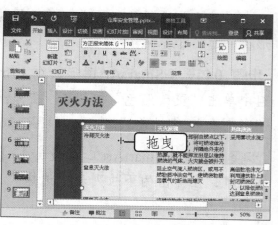

图6-29　调整列宽

步骤 03 选择表格中的第1行文本，在【开始】/【段落】组中设置该文本的格式，使其居中显示，再使用相同的方法设置第1列中的文本，使其居中显示，然后选择表格中的所有文本，在【表格工具 布局】/【对齐方式】组中单击"垂直居中"按钮回，如图6-30所示。

步骤 04 选择表格，在【表格工具 设计】/【表格样式】组中的"表格样式"列表框中选择"中度样式3-强调6"选项，如图6-31所示（配套资源：\效果\项目六\仓库安全管理.pptx）。

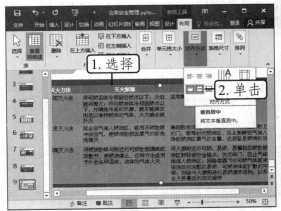

图6-30 设置文本对齐方式

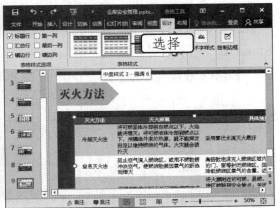

图6-31 设置表格样式

技能提升

技能一 自定义幻灯片大小

技能二 制作电子相册

同步实训

通过"仓库安全管理"演示文稿的制作，小艾不仅掌握了应用内置主题的方法，还掌握了自定义主题颜色和字体的方法，以及在幻灯片中插入文本框、图片、SmartArt 图形和表格的方法。为了进一步熟悉相关操作，小艾继续制作"货物运输管理制度"演示文稿和"物料装卸管理规定"演示文稿。

👤 实训一　制作"货物运输管理制度"演示文稿

由于商品订单数量激增，为了能及时将货物运送到客户的手上，公司在前段时间招聘了一批运输司机。为了进行规范化管理，李经理让小艾制作一份"货物运输管理制度"演示文稿，要求小艾应用 PowerPoint 内置的主题，修改主题颜色和自定义主题字体后，在演示文稿中插入文本、文本框、图片和SmartArt 图形等对象。

【制作效果与思路】

本例制作的"货物运输管理制度"演示文稿效果如图 6-32 所示（配套资源：\效果\项目六\货物运输管理制度.pptx），具体制作思路如下。

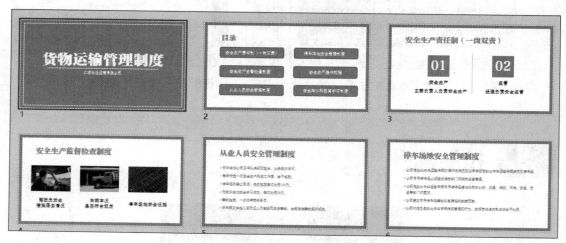

图6-32　"货物运输管理制度"演示文稿效果

（1）新建并保存"货物运输管理制度"演示文稿，在【设计】/【主题】列表框中选择"基础"选项。

（2）在【设计】/【变体】组中单击"变体"按钮 **A**，在弹出的下拉列表中选择"颜色"选项，在弹出的子列表中选择"Office"栏中的"纸张"选项。

（3）在打开的"新建主题字体"对话框中设置"标题字体(西文)"和"标题字体(中文)"为"方正特雅宋简"，设置"正文字体(西文)"和"正文字体(中文)"为"汉仪字典宋简"。

（4）在第1张幻灯片中输入演示文稿的名字和公司名称后，新建7张幻灯片，并在第2张和第3张幻灯片中插入形状和文本框。

（5）在第4张幻灯片中插入"图片1.png""图片2.png""图片3.png"等图片（配套资源：\素材\项目六\货物运输管理制度\图片1.png、图片2.png、图片3.png），在图片下方绘制文本框，并输入相应的文本。

（6）在第5张、第6张和第8张幻灯片中输入"货物运输管理制度.txt"文档（配套资源：\素材\项目六\货物运输管理制度\货物运输管理制度.txt）中的内容，为正文文本设置首行缩进，将段前、段后间距均设置为"6磅"，行距设置为"1.5倍行距"。

（7）在第7张幻灯片中插入基本日程表样式的SmartArt图形，然后在【SmartArt工具 设计】/【创建图形】组中单击"添加形状"按钮，添加4个相同的形状，输入相应的文本内容后，设置SmartArt图形的颜色为"彩色填充-个性色6"。

（8）复制第1张幻灯片，在第8张幻灯片后粘贴复制的幻灯片，将标题修改为"谢谢观看"，并删除副标题占位符。

实训二　制作"物料装卸管理规定"演示文稿

在装卸物料时，部分物料因为员工的操作不当而出现了损毁，于是李经理让小艾制作一份应用PowerPoint内置主题的"物料装卸管理规定"演示文稿，同时还要求小艾自定义主题字体，以及插入文本、图片和SmartArt图形等对象。

【制作效果与思路】

本例制作的"物料装卸管理规定"演示文稿效果如图6-33所示（配套资源：\效果\项目六\物料装卸管理规定.pptx），具体制作思路如下。

（1）新建并保存"物料装卸管理规定"演示文稿，在【设计】/【主题】列表框中选择"水滴"选项。

（2）在打开的"新建主题字体"对话框中设置"标题字体(中文)"为"方正特雅宋简"，"正文字体(中文)"为"方正正纤黑简体"。

（3）在第1张幻灯片中输入演示文稿的名字和公司名称后，新建6张幻灯片。在第2张幻灯片中插入"垂直曲行列表"样式的SmartArt图形。输入目录文本（配套资源：\素材\项目六\物料装卸管理规定\物料装卸管理规定.txt）后，设置SmartArt图形的颜色为"彩色范围-个性色3至4"。

（4）在第7张幻灯片中插入"基本列表"样式的SmartArt图形，输入相应内容后，设置SmartArt图形的颜色为"彩色范围-个性色3至4"。

（5）在第3张和第4张幻灯片中插入"图片1.png"和"图片2.png"（配套资源：\素材\项

目六\物料装卸管理规定\图片1.png、图片2.png），在第3～第6张幻灯片中输入"物料装卸管理规定.txt"文档中的其他内容，并为其添加项目符号，再设置行距为"0.9倍行距"。

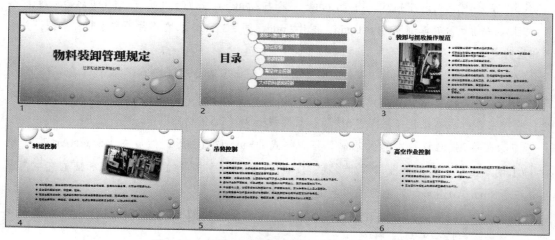

图6-33 "物料装卸管理规定"演示文稿效果

模块四
市场营销

项目七　制作"产品推广策划"文档

职场情境

　　公司最近要推出一款名为绿跑的电动车，为了促进产品销量，需要在产品推出前期制作一份"产品推广策划"文档，同时还要在其中插入"产品报价单"表格，李经理将这个任务交给了小艾。

　　小艾接到任务后，首先使用自定义样式对文档进行排版，然后在文档的末尾页插入表格并进行美化，最后分别为正文页和表格页添加不同样式的页码。

学习目标

✈ 知识目标

（1）掌握新建样式的方法。

（2）掌握修改样式的方法。

（3）掌握在文档中插入表格的方法。

（4）掌握在文档中插入页码并设置页码格式的方法。

✈ 技能目标

（1）能够使用样式快速统一文档格式。

（2）能够在文档中制作表格。

（3）能够根据实际需要为文档添加页码。

✈ 素养目标

（1）通过学习排版布局十分优秀的案例，提升文档排版布局技能。

（2）注重文档排版细节，提升文档的美观度。

案例效果

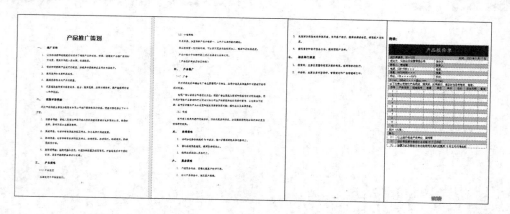

任务一 使用样式排版

任务描述

　　李经理告诉小艾，样式是字体格式、段落格式、项目符号和编号、边框和底纹等多种格式的集合，在制作长文档时，可以使用样式来提高工作效率，进而高效、快捷地制作出高质量文档，并且对样式进行修改后，应用样式的段落也将自动发生相应的变化，是快速更改文本格式的有效工具。听了李经理的话后，小艾打算在制作文档时使用样式排版。

任务实施

活动一 新建"我的正文"样式

Word 中有一些内置的样式，但都不太符合"产品推广策划"文档的制作要求，因此小艾决定新建"我的正文"样式，具体操作如下。

微课视频

新建"我的正文"样式

步骤 01 打开"产品推广策划"文档（配套资源：\素材\项目七\产品推广策划.docx），在状态栏中单击"校对"按钮，打开"语法"任务窗格，单击 忽略(I) 按钮，忽略该文档中的语法错误，如图7-1所示。

步骤 02 校对完成后，在打开的"拼写和语法检查完成"提示对话框中单击 确定 按钮。

步骤 03 在【开始】/【样式】组中单击"样式"按钮，在弹出的下拉列表中选择"创建样式"选项，如图7-2所示。

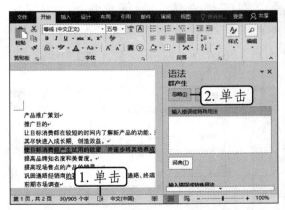

图7-1 忽略该文档中的语法错误

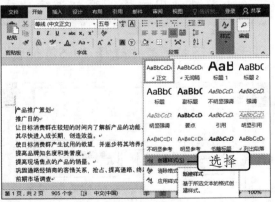

图7-2 选择"创建样式"选项

步骤 04 在打开的"根据格式设置创建新样式"对话框的"名称"文本框中输入"我的正文"，单击 修改(M) 按钮，如图7-3所示。

步骤 05 展开"根据格式设置创建新样式"对话框，单击左下角的 格式(O)▼ 按钮，在弹出的下拉列表中选择"字体"选项，如图7-4所示。

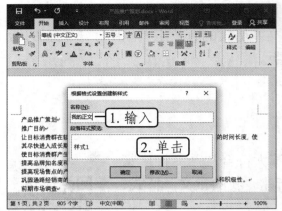

图7-3　输入样式名称

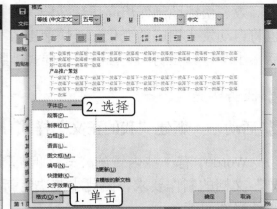

图7-4　选择"字体"选项

步骤 06 打开"字体"对话框，在"字体"选项卡的"中文字体"和"西文字体"下拉列表中选择"方正仿宋简体"，并保持"字形"和"字号"的默认设置，如图7-5所示，单击 确定 按钮。

步骤 07 返回"根据格式设置创建新样式"对话框，再次单击 格式(O)▼ 按钮，在弹出的下拉列表中选择"段落"选项。

步骤 08 打开"段落"对话框，在"缩进和间距"选项卡"常规"栏中的"对齐方式"下拉列表中选择"左对齐"选项，在"缩进"栏中的"特殊格式"下拉列表中选择"首行缩进"选项，在"缩进值"数值框中输入"2字符"，在"间距"栏中的"段前"和"段后"数值框中分别输入"0.5行"，在"行距"下拉列表中选择"1.5倍行距"选项，如图7-6所示，单击 确定 按钮。

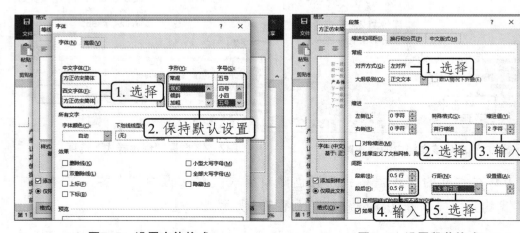

图7-5　设置字体格式　　　　　　　　图7-6　设置段落格式

步骤 09 返回"根据格式设置创建新样式"对话框，在"格式"下拉列表中选择"快捷键"选项，打开"自定义键盘"对话框，将文本插入点定位至"请按新快捷键"文本框中，按住【Ctrl】键，再按数字键盘上的"1"，当文本框中出现图7-7所示的快捷指令时，单击 指定(A) 按钮，再单击 关闭 按钮。

步骤 10 返回"根据格式设置创建新样式"对话框，单击 确定 按钮，返回文档，可看见"样式"列表框中出现了"我的正文"样式，且文本插入点后的文本（"产品推广策划"文本）已自动应用该样式。

步骤 11 使用同样的方式创建"2级"样式，其中，字体格式为"方正宋黑简体、加粗、小四"，段落格式为"左对齐、左侧缩进为0、段前与段后间距为0.5行、1.5倍行距"。

步骤 12 返回"根据格式设置创建新样式"对话框，在"格式"下拉列表中选择"编号"选项，打开"编号和项目符号"对话框，在"编号"选项卡的"编号库"列表框中选择"一、二、三、"样式的编号，单击 确定 按钮，如图7-8所示。

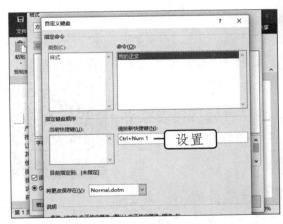

图7-7　设置快捷键

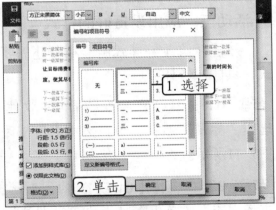

图7-8　选择编号样式

👤 活动二　修改内置的标题样式

新建"我的正文"样式后，小艾准备修改 Word 内置的标题样式，具体操作如下。

步骤 01 将鼠标指针移至"样式"列表框中的"标题"样式上，单击鼠标右键，在弹出的快捷菜单中选择"修改"命令，如图7-9所示。

微课视频

修改内置的标题样式

步骤 02 在打开的"修改样式"对话框的"格式"栏中的"字体"下拉列表中选择"方正中倩_GBK"选项，在"字号"下拉列表中选择"一号"选项，单击"加粗"按钮 **B**、"居中"按钮 ≡ 和"1.5倍行距"按钮 ≡，如图7-10所示，单击 ■确定■ 按钮。

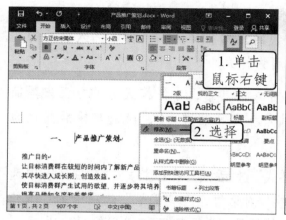

图7-9　选择"修改"命令　　　　　　　图7-10　修改标题样式

👤 活动三　应用设置好的样式

　　新建并修改好样式后，小艾还需要在文档中应用设置的样式，具体操作如下。

微课视频

应用设置好的样式

步骤 01 选择"产品推广策划"文本，在"样式"列表框中选择"标题"选项，为该文本应用修改好的"标题"样式，如图7-11所示。

步骤 02 在按住【Ctrl】键的同时选择"推广目的""前期市场调查""产品策略""产品推广""终端策略""服务策略""相关部门职责"等文本，为其应用"2级"样式。

步骤 03 在按住【Ctrl】键的同时选择"一、推广目的""二、前期市场调查""三、产品策略""四、产品推广""五、终端策略""六、服务策略""七、相关部门职责"下方的各个段落，为其应用"我的正文"样式。

步骤 04 在按住【Ctrl】键的同时选择"一、推广目的"下的5个段落、"二、前期市场调查"中"……包括以下4个方面。"下方的4个段落、"五、终端策略"下的3个段落、"六、服务策略"下的4个段落，以及"七、相关部门职责"

下的两个段落，在【开始】/【段落】组中单击"编号"按钮三右侧的下拉按钮▾，在弹出的下拉列表中选择"1.2.3."样式的编号，如图7-12所示。然后使用同样的方法为"三、产品策略"中的"产品定位"和"价格策略"段落、"四、产品推广"中的"广告"和"促销"段落应用"（一）（二）（三）"样式的编号。

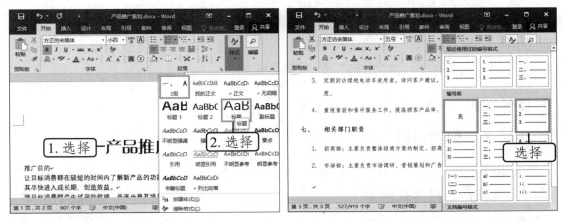

图7-11 应用"标题"样式　　　　图7-12 添加编号

步骤 05 将文本插入点定位至"6. 消费者调查"前，单击鼠标右键，在弹出的快捷菜单中选择"重新开始于1"命令，编号将从"1"开始编号，如图7-13所示。

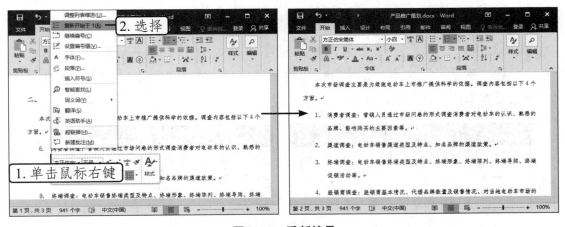

图7-13 重新编号

步骤 06 使用同样的方法为"四、产品推广"中的"广告"和"促销"、"五、终端策略"下的3个段落、"六、服务策略"下的4个段落和"七、相关部门职责"下的两个段落重新编号。

任务二 插入"产品报价单"表格

任务描述

报价单类似于价格清单，主要用于给客户报价，因此在制作完"产品推广策划"文档后，小艾还需要在文档中插入"产品报价单"表格。在制作"产品报价单"表格的过程中，首先要将文档分节，然后再创建表格、根据内容合并单元格、输入并编辑表格内容，最后美化表格。

任务实施

活动一 创建表格

在创建"产品报价单"表格前，小艾需要先设置分节，然后再插入表格，具体操作如下。

微课视频

创建表格

步骤 01 将文本插入点定位至"七、相关部门职责"下的"……和广告管理等工作。"后，在【布局】/【页面设置】组中单击"分隔符"按钮，在弹出的下拉列表中选择"分节符"栏中的"下一页"选项，如图7-14所示。

步骤 02 按【BackSpace】键，删除自动添加的编号3，将文本插入点定位至页面最左侧。

步骤 03 输入"附录："文本，并设置字体格式为"方正中粗雅宋_GBK、四号"，在"附录："文本后按【Enter】键新增一行，在【开始】/【字体】组中单击"清除所有格式"按钮，清除自动套用的上一行的文本格式，如图7-15所示。

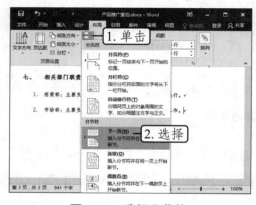

图7-14 选择分节符

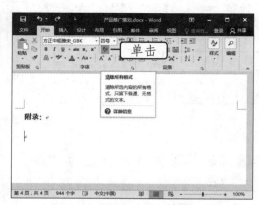

图7-15 清除格式

步骤 04 在【插入】/【表格】组中单击"表格"按钮 ⊞，在弹出的下拉列表中选择"插入表格"选项，如图7-16所示。

步骤 05 在打开的"插入表格"对话框的"表格尺寸"栏中的"列数"数值框中输入"9"，在"行数"数值框中输入"25"，单击 确定 按钮，如图7-17所示。

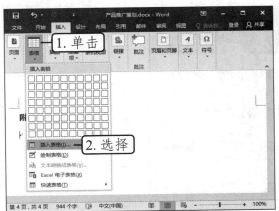

图7-16 选择"插入表格"选项

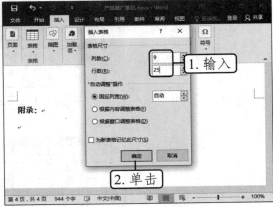

图7-17 设置表格尺寸

返回文档后，可查看插入表格后的效果。

💡 **知识窗**

分页符和分节符主要用于分隔文档页面，以便为不同的页面设置不同的格式或版式。在编辑文档时，如果要设置分节，则可根据实际需要在"分隔符"下拉列表中选择"分页符""分栏符""自动换行符""下一页""连续""偶数页""奇数页"选项。

- **分页符**：使文档内容从插入分页符的位置开始强制分页。
- **分栏符**：使文档内容从插入分栏符的位置开始强制分栏。
- **自动换行符**：使文档内容从插入换行符的位置开始强制换行。
- **下一页**：使文档内容分节，新节将从下一页开始。
- **连续**：使文档内容分节，新节从当前页开始。
- **偶数页**：使文档内容分节，在新的偶数页里开始下一节。
- **奇数页**：使文档内容分节，在新的奇数页里开始下一节。

 知识窗

👤 活动二　合并单元格

由于需要制作的表格并不是每一行都需要有9列，所以小艾需要合并部分单元格，具体操作如下。

步骤 01 选择表格中的第1行，在【表格工具 布局】/【合并】组中单击"合并单元格"按钮▦，如图7-18所示，将所选单元格合并为一个大单元格。

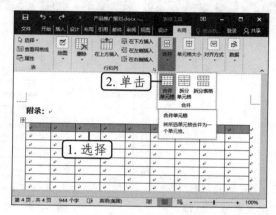

图7-18　合并单元格

步骤 02 使用同样的方法合并表格的第2行、第3～第8行左侧的4个单元格、第3～第8行右侧的5个单元格、第9行、第21行、第22行、第23～第25行右侧的8个单元格。

🖉 经验之谈

将文本插入点定位至合并的单元格中后，在【表格工具 布局】/【合并】组中单击"拆分单元格"按钮▦，将打开图7-19所示的"拆分单元格"对话框，在其中设置拆分的列数和行数并单击 **确定** 按钮后，文本插入点所在的行将按照设置的拆分行列数进行拆分；单击"拆分表格"按钮▦后，文本插入点上方的行将被分隔成一个独立的表格，文本插入点所在行及文本插入点下方的行被分隔成另一个独立的表格。

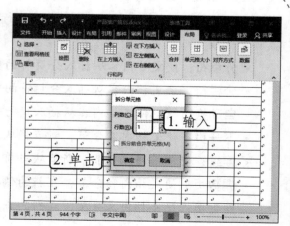

图7-19　拆分单元格

活动三　输入并编辑表格内容

搭建好表格的框架后，小艾接下来准备在表格中输入并编辑表格内容，具体操作如下。

微课视频

输入并编辑表格内容

步骤 01 在表格的第1～第25行中输入"产品报价单.txt"文档（配套资源：\素材\项目七\产品报价单.txt）中的内容。

步骤 02 选择第1行中的"产品报价单"文本，在【开始】/【字体】组中的"字体"下拉列表中选择"方正楷体_GBK"选项，在"字号"下拉列表中选择"二号"选项，单击"加粗"按钮 **B**，在【开始】/【段落】组中单击"居中"按钮☰。

步骤 03 选择第2～第25行，设置单元格内文本的字体为"汉仪细等线简"，字号为"五号"。选择第10～第20行，设置对齐方式为"居中"。

活动四　美化表格

小艾准备通过调整表格行高和列宽、为表格添加底纹和设置边框等方式来美化表格，具体操作如下。

微课视频

美化表格

步骤 01 将鼠标指针移至第10行第1列和第2列中间的分隔线上，当鼠标指针变成 ↔ 形状时，向左拖曳鼠标，如图7-20所示。

步骤 02 使用同样的方法调整第10行其余列的宽度，使该行单元格中的文本都只以一行显示。

步骤 03 选择第2～第25行，在【表格工具 布局】/【单元格大小】组中的"高度"数值框中输入"0.7厘米"，如图7-21所示。

步骤 04 将文本插入点定位至表格内，在【表格工具 设计】/【表格样式】组中单击"其他"按钮▾，在弹出的下拉列表中选择"网格表4-着色5"选项，如图7-22所示。

步骤 05 在【表格工具 设计】/【表格样式选项】组中取消勾选"第一列"复选框，取消表格第1列的加粗显示，如图7-23所示。

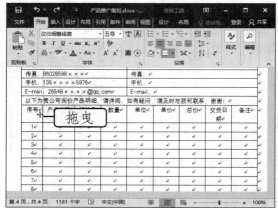

图7-20　调整列宽　　　　　　　　　　　　图7-21　调整行高

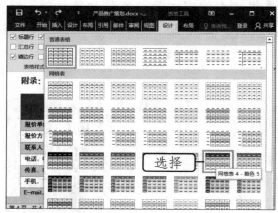

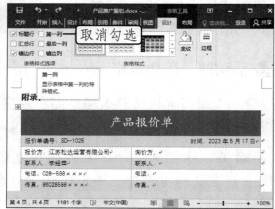

图7-22　选择表格样式　　　　　　　图7-23　取消表格第1列的加粗显示

任务三　插入页码

任务描述

　　李经理告诉小艾，在编辑篇幅较长的文档时，页码是一个必不可少的元素，它既可以用来统计文档页面的多少，又便于读者检索。因此，小艾决定为制作的"产品推广策划"文档和插入的"产品报价单"表格添加不同的页码格式以做区分。

任务实施

活动一　添加页码

确认文档内容无误后，小艾便准备进行制作文档的最后一步——添加页码，具体操作如下。

步骤　将文本插入点定位至第1页，在【插入】/【页眉和页脚】组中单击"页码"按钮⊞，在弹出的下拉列表中选择"页面底端"选项，在弹出的子列表中选择"普通数字2"选项，如图7-24所示。

返回文档后，页码底端会出现选择的页码，且"页眉和页脚工具 设计"选项卡将自动被激活，如图7-25所示。

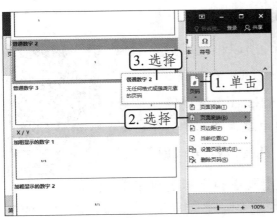

图7-24　插入页码

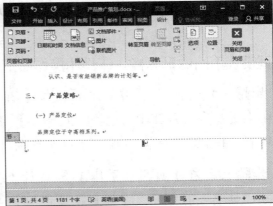

图7-25　选项卡自动被激活

活动二　设置页码格式

添加了页码后，小艾还需要设置页码格式，具体操作如下。

步骤 01　在【页眉和页脚工具 设计】/【页眉和页脚】组中单击"页码"按钮⊞，在弹出的下拉列表中选择"设置页码格式"选项，如图7-26所示。

步骤 02　在打开的"页码格式"对话框的"编号格式"下拉列表中选择"-1-,-2-,-3-…"选项，单击 确定 按钮，如图7-27所示。

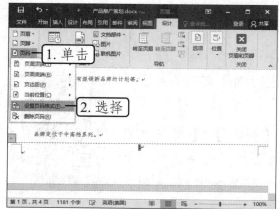

图7-26 选择"设置页码格式"选项

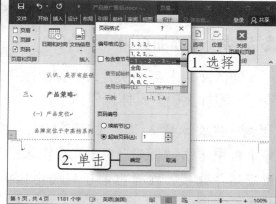

图7-27 选择编号格式

返回文档后，可看到更改编号格式后的页码。

👤 活动三 在同一文档中设置多重页码格式

正文和附录的页码格式一般不一样，所以小艾准备为附录页设置不同的页码格式，具体操作如下。

微课视频

在同一文档中设置多重页码格式

步骤 01 选择第4页中的页码，按【BackSpace】键删除，然后在【页眉和页脚工具 设计】/【导航】组中单击"链接到前一条页眉"按钮，使其与前一节的页码断开链接，如图7-28所示。

步骤 02 在【页眉和页脚工具 设计】/【页眉和页脚】组中单击"页码"按钮，在弹出的下拉列表中选择"当前位置"选项，在弹出的子列表中选择"圆角矩形"选项，如图7-29所示，为附录的页码设置新的格式。

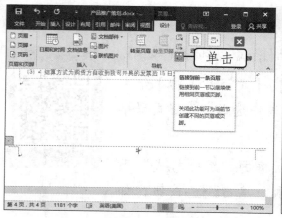

图7-28 断开链接

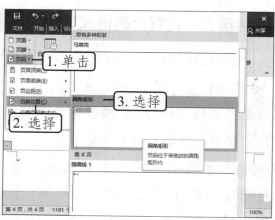

图7-29 重设页码

技能提升

技能一 快速选择
多个格式相似的文本

技能二 删除文档
中的空白页

技能三 普通文本
与表格间的相互转换

技能四 添加
脚注和尾注

同步实训

　　通过制作"产品推广策划"文档，小艾不仅掌握了新建与修改样式的方法，还掌握了在文档中插入与编辑表格和页码的方法。为了进一步熟悉相关操作，小艾继续制作"产品购销合同"文档和"产品使用手册说明"文档。

实训一 制作"产品购销合同"文档

　　为了扩大生产，公司准备购买一批货物，目前已与对方公司谈好相关购买事宜，但合同还没有拟好，于是李经理将制作"产品购销合同"文档的任务交给了小艾，要求小艾使用编号列明各项条款，并在文档的相应位置插入表格。

【制作效果与思路】

　　本例制作的"产品购销合同"文档效果如图 7-30 所示（配套资源：\效果\项目七\产品购销合同 .docx），具体制作思路如下。

　　（1）打开"产品购销合同"文档（配套资源：\素材\项目七\产品购销合同.docx），为标题"产品购销合同"文本应用"副标题"样式，再在"副标题"样式上单击鼠标右键，在弹出的快捷菜单中选择"修改"命令。

　　（2）在打开的"修改样式"对话框中设置"字体"为"方正兰亭中粗黑简体"、"字号"为"小一"、"行距"为"1.5倍行距"。

　　（3）新建一个"1级"样式，设置"字体"为"宋体"、"字号"为"五号"、"对齐方式"为"左对齐"、"特殊格式"为"首行缩进"、"行距"为"1.5倍行距"。

　　（4）为除标题外的其余文本应用创建的"1级"样式。

　　（5）选择文档中的条款标题，在【开始】/【段落】组的"编号"下拉列表中选择"定义新编号格式"选项，在打开的"定义新编号格式"对话框中的"编号样式"下拉列表中选择"一，二，三(简)"选项，单击 字体ⓕ... 按钮，在打开的"字体"对话框中的"字体"选项卡中设置"字形"为"加粗"。

（6）返回"定义新编号格式"对话框，在"编号格式"文本框的"一"前输入"第"，在"一"后输入"条"，单击 确定 按钮。

（7）为第四条、第六条、第十二条条款下方的段落添加"1.2.3."样式的编号，并在第一条条款下方和文档末尾添加表格。

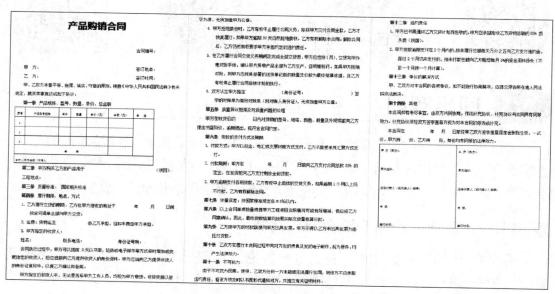

图7-30 "产品购销合同"文档效果

实训二 制作"产品使用手册说明"文档

公司前段时间推出了一款产品——不间断电源（Uninterruptible Power System，UPS），它是原产品的升级版，在原有功能的基础上增添了很多新功能，因此李经理让小艾根据该产品的现有功能制作一份"产品使用手册说明"文档，要求文档中的小标题用创建的格式，且还要对文档中的表格进行美化设置。

【制作效果与思路】

本例制作的"产品使用手册说明"文档效果如图7-31所示（配套资源：\效果\项目七\产品使用手册说明.docx），具体制作思路如下。

（1）打开"产品使用手册说明"文档（配套资源：\素材\项目七\产品使用手册说明.docx），设置标题"产品使用手册说明"文本的字体格式为"方正小标宋简体、小二、加粗、居中"。

（2）新建"内文"样式，设置"字体"为"方正仿宋简体"、"字号"为"小四"、"对齐方式"为"左对齐"、"特殊格式"为"首行缩进"、"行距"为"1.5倍行距"，然后为除标题和表格外的其余文本应用创建的"内文"样式。

（3）新建"表文"样式，设置"字体"为"方正仿宋简体"、"字号"为"小四"、"对齐方式"为"居中"，然后为表格中的文本应用创建的"表文"样式。

（4）加粗文档内的小标题，为其应用"一、二、三、"样式的编号，然后为"开箱检查"下方的第2～第4段应用实心圆样式的项目符号。

（5）合并表格中的部分单元格，再根据内容调整行高和列宽，然后设置表格中的内容的对齐方式为"水平居中"。

（6）为表格应用"网格表4-着色3"表格样式，并取消第1列的加粗显示。

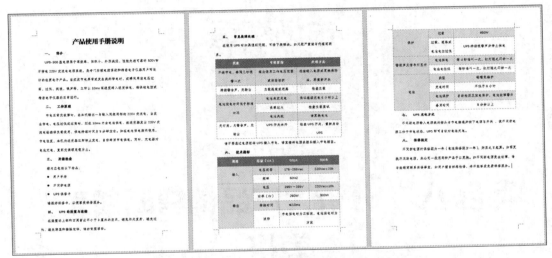

图7-31　"产品使用手册说明"文档效果

模块四

市场营销

项目八 分析"产品销售明细表"表格

职场情境

　　销售部准备在下周一召开月度总结会，其目的是总结销售部各位员工上月的销售总额，并为销售总额排名前3的员工发放奖品。于是李经理要求小艾将上月的销售数据制成"产品销售明细表"表格，并对这些数据进行分析。

　　在小艾分析数据时，李经理要求她先用公式或函数计算出销售明细表中的数据，然后对这些数据进行排序和汇总，最后使用图表进行分析。

学习目标

✈ **知识目标**

（1）掌握排序数据的方法。

（2）掌握汇总数据的方法。

（3）掌握创建并编辑图表的方法。

✈ **技能目标**

（1）能够按需求排序和汇总数据。

（2）能够根据原始数据创建需要的图表。

✈ **素养目标**

（1）培养数据处理、数据分析的能力。

（2）把握数据采集的有效性及准确性，能用图表准确、直观、形象地反映事物变化的规律。

 **案例效果**

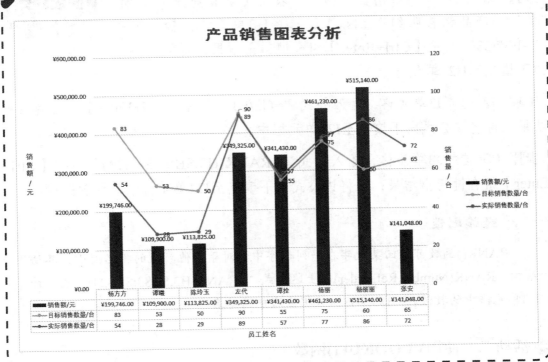

任务一　创建销售明细表数据

任务描述

　　接到任务后，小艾先去销售部调出了销售数据，然后再将这些数据录入表格中，并做了适当的美化。李经理告诉小艾，收集数据并不是最终目的，而是要从数据中找出规律，为之后的决策提供依据，因此，李经理要求小艾将销售目标的完成比例和业绩排名计算出来，同时还要从众多数据中找出新入职员工的销售明细。

任务实施

活动一　计算表格中的数据

　　录入数据后，小艾准备使用公式计算出每位员工的销售总额和目标完成情况，使用函数计算出员工销售业绩的排名情况，具体操作如下。

微课视频

计算表格中的数据

步骤 01 打开"产品销售明细表"表格（配套资源：\素材\项目八\产品销售明细表.xlsx），选择H3单元格，输入公式"=E3*G3"，按【Ctrl+Enter】组合键得出结果，再将该公式向下填充至H24单元格中。

步骤 02 选择I3单元格，输入公式"=G3/F3"，按【Ctrl+Enter】组合键得出结果，再将该公式向下填充至I24单元格中。

步骤 03 选择J3单元格，输入公式"=RANK(H3,$H$3:$H$24)"，按【Ctrl+Enter】组合键得出结果，再将该公式向下填充至J24单元格中，如图8-1所示。

✎ 经验之谈

　　RANK()函数可返回某数字在一列数字中相对于其他数值的排名大小，其语法结构：RANK(Number,Ref,Order)。上述公式"=RANK(H3,$H$3:$H$24)"表示计算H3单元格中的数值在$H$3:$H$24数据区域中的排名。

活动二　使用VLOOKUP()函数

　　张千是一名新入职的员工，李经理要对其工作表现进行评分，因此，小艾需要使用 VLOOKUP() 函数从多个数据中找出张千入职以来的销售数据，具体操作如下。

微课视频

使用 VLOOKUP
函数

步骤 01 选择A2:J2单元格区域，按【Ctrl+C】组合键复制，再选择A26单元格，按【Ctrl+V】组合键粘贴。

步骤 02 选择A27单元格，输入张千的员工编号"SD-007"，在B27单元格中输入公式"=VLOOKUP($A27,$A$2:$J$24,COLUMN(),0)"，按【Ctrl+Enter】组合键得出结果，并将该公式向右填充至J27单元格中，如图8-2所示。

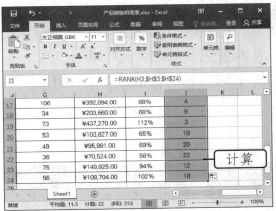

图8-1　计算排名

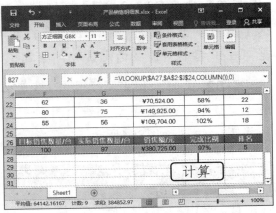

图8-2　查找数据

✏️ **经验之谈**

　　VLOOKUP()函数用于在数据区域中找出符合条件的值，其语法结构：VLOOKUP(Lookup_value,Table_array,Col_index_num,Range_lookup)。COLUMN()函数用于返回所选单元格的列数，其语法结构：=COLUMN(Reference)，如果省略参照区域，则默认返回函数COLUMN()所在单元格的列数。上述公式"=VLOOKUP($A27,$A$2:$J$24,COLUMN(),0)"表示返回在A2:J24单元格区域中查找到的A27单元格中的员工编号对应的销售数据。

任务二　排序销售明细表

👤 **任务描述**

　　销售明细表数据创建完后，呈现出的数据结果比较杂乱，不容易从中找到重点，因此李经理要求小艾先将部门相同的数据排列在一起，然后再以产品名称为基础升序排列销售额所在的列。

任务实施

活动一　自动排序

自动排序是数据排序管理中一种较为基本的排序方式，它可以自动识别和排序数据。因此，小艾准备使用该功能排序"部门"列，具体操作如下。

步骤 01 选择C3:C24单元格区域，在【数据】/【排序和筛选】组中单击"升序"按钮 ，在打开的"排序提醒"对话框中的"给出排序依据"栏中选中"扩展选定区域"单选项，单击 排序(S) 按钮，如图8-3所示。

步骤 02 返回工作表后，由于C3:C24单元格区域中前两个字均为"销售"，所以系统将按照数字大小进行升序排列，相对应的其他同行单元格也将随之同步排列，结果如图8-4所示。

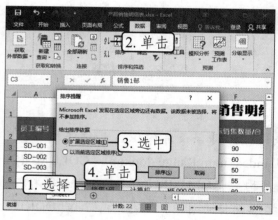

图8-3　单击"排序"按钮

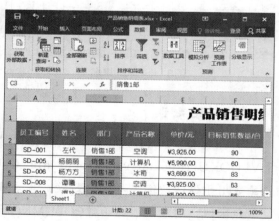

图8-4　排序结果

活动二　自定义排序

简单排序之后，小艾还需要对"产品名称"列和"销售额"列同时进行排序，具体操作如下。

步骤 01 选择数据区域中的任意一个单元格，在【数据】/【排序和筛选】组中单击"排序"按钮 ，在打开的"排序"对话框中单击 添加条件(A) 按钮，在"次要关键字"下拉列表中选择"产品名称"选项，在"排序依据"下拉列表中选择"数值"选项，在"次序"下拉列表中选择"自定义序列"选项，如图8-5所示，单击 确定 按钮。

步骤 02 在打开的"自定义序列"对话框中单击 添加(A) 按钮，在"输入序列"列表框中输入"冰箱""空调""计算机""电视机""微波炉""平板电脑"，并单击 确定 按钮，如图8-6所示。

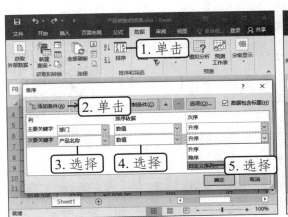

图8-5　选择"自定义序列"选项

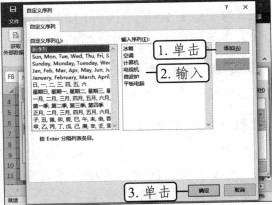

图8-6　自定义序列

步骤 03 返回"排序"对话框后，再次单击 添加条件(A) 按钮，在添加的"次要关键字"下拉列表中选择"销售额/元"选项，在"排序依据"下拉列表中选择"数值"选项，在"次序"下拉列表中选择"升序"选项，单击 确定 按钮。返回工作表后，可看到"销售额"列将以自定义的产品名称序列为基础进行升序排列。

✏️ **经验之谈**

在"排序"对话框中单击 选项(O)... 按钮，在打开的"排序选项"对话框中的"方法"栏中选中"笔划排序"单选项，再单击 确定 按钮，系统就会按照笔画的多少进行排序，而相同的笔画顺序则会按照起笔顺序（横、竖、撇、捺、折）进行排列。

任务三　汇总销售明细表

👤 任务描述

李经理告诉小艾，简单的排序并不具有数据分析的作用，多数时候还需要将性质相同的数据汇总在一起，求出其合计数、平均数、最大值或最小值等，这样才能使表格的结构更加清晰，也便于分析数据。因此，小艾需要在表格中汇总各部门的销售总额和各产品的销售总额。

任务实施

活动一　按部门业绩汇总

为了统计出各销售部门的实际销售数量和产品销售总额，小艾准备使用 Excel 的分类汇总功能汇总数据，具体操作如下。

步骤 01 选择数据区域中的任意一个单元格，在【数据】/【分级显示】组中单击"分类汇总"按钮，如图8-7所示。

步骤 02 在打开的"分类汇总"对话框中的"分类字段"下拉列表中选择"部门"选项，在"汇总方式"下拉列表中选择"求和"选项，在"选定汇总项"列表框中勾选"实际销售数量/台"复选框和"销售额/元"复选框，并取消勾选"排名"复选框，单击 确定 按钮，如图8-8所示。

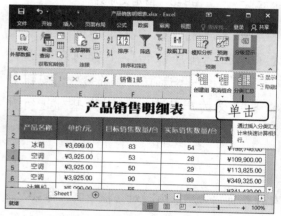

图8-7　单击"分类汇总"按钮

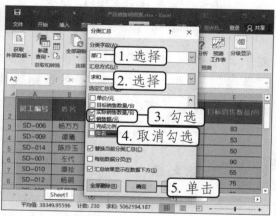

图8-8　设置分类汇总参数

活动二　按产品名称汇总

汇总部门业绩后，小艾还需要按产品名称汇总各产品的销售总额，具体操作如下。

步骤 01 双击"Sheet1"工作表标签，将其重命名为"部门业绩汇总"，按住【Ctrl】键，选择"部门业绩汇总"工作表

标签后向右拖曳以新建"部门业绩汇总（2）"工作表，并将其重命名为"各产品销售额汇总"。

步骤 02 选择数据区域中的任意一个单元格，在【数据】/【分级显示】组中单击"分类汇总"按钮，在打开的"分类汇总"对话框中单击 全部删除(R) 按钮。

步骤 03 选择D3:D24单元格区域，在【数据】/【排序和筛选】组中单击"升序"按钮，在打开的"排序提醒"对话框中选中"扩展选定区域"单选项，单击"排序"按钮 排序(S) 。

步骤 04 在【数据】/【分级显示】组中单击"分类汇总"按钮，在打开的"分类汇总"对话框中的"分类字段"下拉列表中选择"产品名称"选项，在"汇总方式"下拉列表中选择"求和"选项，在"选定汇总项"列表框中勾选"销售额/元"复选框，并取消勾选"排名"复选框，单击 确定 按钮。

步骤 05 返回工作表后，单击"2级"按钮，可看到各产品的销售总额和全部产品的销售总额，而工作表中的其余数据将被隐藏，如图8-9所示。

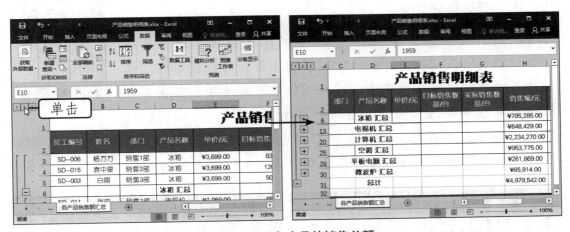

图8-9　汇总各产品的销售总额

任务四　插入图表

任务描述

图表是图形化的数字，可以直观反映数据间的关系，比用数据和文字进行描述更清晰，也更易懂。因此，李经理要求小艾将工作表中的数据转换成图表，然后再将图表显示在单独的工作表中，并添加相关的图表元素，从而帮助观众更好地了解数据之间的关系及变化趋势，进而对研究对象做出合理的推断和预测。

任务实施

活动一　创建图表

为了更好地分析销售人员的销售数据，小艾准备在工作表中插入柱形图，具体操作如下。

步骤　选择"部门业绩汇总"工作表中的任意一个单元格，在【插入】/【图表】组中单击"插入柱形图或条形图"按钮▇▇，在弹出的下拉列表中选择"二维柱形图"栏中的"簇状柱形图"选项，如图8-10所示。返回工作表后，可以看见创建的柱形图，且系统自动激活了"图表工具"选项卡。

微课视频
创建图表

活动二　移动图表

由于图表所占的空间较大，所以小艾需要将其移至其他工作表中，具体操作如下。

步骤　选择图表，在【图表工具 设计】/【位置】组中单击"移动图表"按钮▇▇，在打开的"移动图表"对话框中的"选择放置图表的位置"栏中选中"新工作表"单选项，并在其右侧的文本框中输入"图表分析"，单击 确定 按钮，如图8-11所示。返回工作表后，可看见"部门业绩汇总"工作表左侧新增了一张名为"图表分析"的工作表，且图表会自动适应工作表页面的大小。

微课视频
移动图表

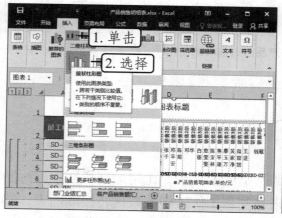

图8-10　选择图表

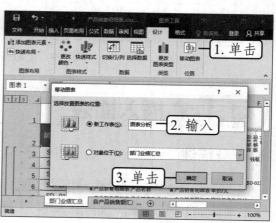

图8-11　移动图表

知识窗

图表一般由图表区、绘图区、图表标题、坐标轴、轴标题、数据系列、数据标签、网格线和图例等部分组成，如图8-12所示。

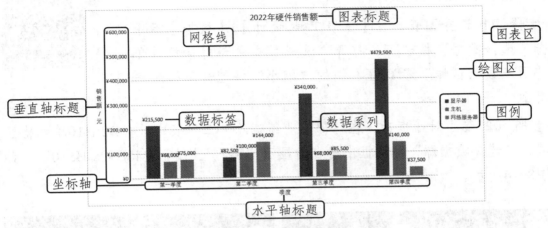

图8-12 图表的组成

- **图表区**：图表的整个区域，图表的各组成部分均存放于图表区中。

- **绘图区**：通过横坐标轴和纵坐标轴界定的矩形区域，用于显示图表的数据系列、数据标签和网格线。

- **图表标题**：用于简要概述该图表作用或目的的文本，可以位于图表上方，也可以覆盖于绘图区中。

- **坐标轴**：包含水平轴（又称x轴或横坐标轴）和垂直轴（又称y轴或纵坐标轴）；水平轴用于显示类别标签，垂直轴用于显示刻度大小。

- **轴标题**：对坐标轴内容进行说明的文本，包括水平轴标题和垂直轴标题。

- **数据系列**：根据用户指定的图表类型以系列的方式显示在图表中的可视化数据。图表中可以有一组或多组数据系列，多组数据系列之间通常采用不同的图案、颜色或符号来区分。

- **数据标签**：用于标识数据系列所代表的数值大小，可位于数据系列外部，也可以位于数据系列内部。

- **网格线**：贯穿绘图区的线条，用作估算数据系列对应值的标准。

- **图例**：用于指出图表中不同的数据系列采用的标识方式，通常列举不同系列在图表中应用的颜色。

 **知识窗**

活动三　更改数据源区域

　　插入的图表中包含了销售 1 部、销售 2 部和销售 3 部的所有数据，看起来比较混乱，所以小艾需要更换图表的数据源区域，使数据更清晰，具体操作如下。

微课视频

更改数据源区域

　　步骤 01 选择图表，在【图表工具 设计】/【数据】组中单击"选择数据"按钮，打开"选择数据源"对话框，单击"图表数据区域"参数框右侧的"缩小"按钮，如图8-13所示。

　　步骤 02 缩小对话框后，在"部门业绩汇总"工作表中选择B2:H10单元格区域，"选择数据源"对话框中将自动显示"=部门业绩汇总!$B$2:$H$10"，如图8-14所示。

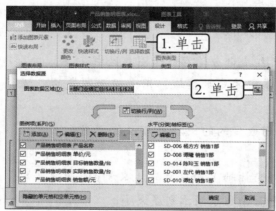

图8-13　"选择数据源"对话框

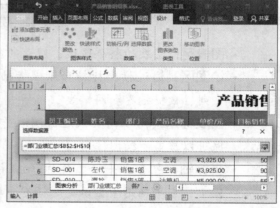

图8-14　选择数据源

　　步骤 03 单击"展开"按钮，在"图例项(系列)"列表框中选择"单价/元"选项，单击删除(R)按钮将其删除。

　　步骤 04 在"水平(分类)轴标签"栏中单击"编辑"按钮，在打开的"轴标签"对话框中的"轴标签区域"参数框中输入"=部门业绩汇总!$B$3:$B$10"，单击确定按钮，如图8-15所示。

　　步骤 05 返回"选择数据源"对话框，单击确定按钮，返回工作表，可查看修改数据源后的图表效果，如图8-16所示。

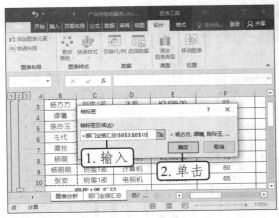

图8-15 设置轴标签

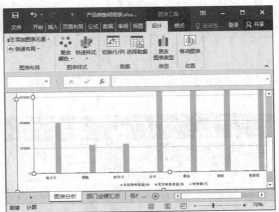

图8-16 修改数据源后的图表效果

活动四 添加图表元素

更改图表数据源后，小艾准备为图表添加轴标题、数据标签和图例等元素，从而提高图表的可读性，具体操作如下。

微课视频

添加图表元素

步骤 01 选择图表，在【图表工具 设计】/【类型】组中单击"更改图表类型"按钮，如图8-17所示。

步骤 02 在打开的"更改图表类型"对话框中的"所有图表"选项卡中选择"组合"选项，在"目标销售数量/台"和"实际销售数量/台"系列名称右侧的"图表类型"下拉列表中选择"带数据标记的折线图"选项，并勾选对应的"次坐标轴"复选框，然后在"销售额/元"系列名称对应的"图表类型"下拉列表中选择"簇状柱形图"选项，单击 确定 按钮，如图8-18所示。

步骤 03 在【图表工具 设计】/【图表布局】组中单击"添加图表元素"按钮，在弹出的下拉列表中选择"轴标题"选项，在弹出的子列表中选择"主要横坐标轴"选项，如图8-19所示，然后使用同样的方法添加"主要纵坐标轴"和"次要纵坐标轴"。

步骤 04 修改"主要横坐标轴"为"员工姓名"，"主要纵坐标轴"为"销售额/元"，"次要纵坐标轴"为"销售量/台"。

步骤 05 在"添加图表元素"下拉列表中选择"数据标签"选项，在弹出的子列表中选择"数据标签外"选项，如图8-20所示。

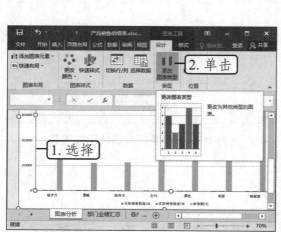

图8-17 单击"更改图表类型"按钮

图8-18 设置图表类型

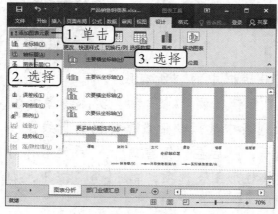

图8-19 添加轴标题

图8-20 添加数据标签

步骤 06 在"添加图表元素"下拉列表中选择"数据表"选项，在弹出的子列表中选择"显示图例项标示"选项，如图8-21所示。

步骤 07 在图表右侧单击"图表元素"按钮 ⊞，在弹出的下拉列表中选择"图例"选项，在弹出的子列表中选择"右"选项，如图8-22所示。

步骤 08 添加完图表元素之后，将图表标题修改为"产品销售图表分析"。

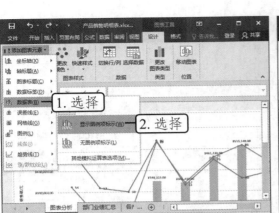

图8-21 添加数据表

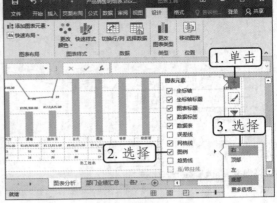

图8-22 调整图例位置

活动五 设置图表格式

添加了轴标题后，小艾发现文字的方向与平时习惯的文字阅读方向不一致，而且数值相近的数据标签还重叠到了一起，所以小艾准备设置图表的格式，具体操作如下。

微课视频

设置图表格式

步骤 01 选择图表标题，设置字体格式为"方正华隶_GBK、24、加粗"，字体颜色为"橙色,个性色2,深色25%"。

步骤 02 双击主要纵坐标轴或选择主要纵坐标轴，单击鼠标右键，在弹出的快捷菜单中选择"设置坐标轴标题格式"命令，如图8-23所示。

步骤 03 打开"设置坐标轴标题格式"任务窗格，在"文本选项"选项卡中单击"文本框"按钮，在"文本框"栏中的"文字方向"下拉列表中选择"堆积"选项，如图8-24所示，然后使用同样的方法设置次要纵坐标轴的"文字方向"为"堆积"。

步骤 04 在图表区中选择次坐标轴，"设置坐标轴标题格式"任务窗格将自动变为"设置坐标轴格式"任务窗格，在其中单击"坐标轴选项"按钮，在"坐标轴选项"栏中的"最大值"数值框中输入"120.0"，如图8-25所示。

步骤 05 单击"关闭"按钮关闭任务窗格，将距离相近的数据标签分隔开。

步骤 06 在【图表工具 设计】/【图表样式】组中单击"更改颜色"按钮，在弹出的下拉列表中选择"彩色"栏中的"颜色3"选项，如图8-26所示（配套资源：\效果\项目八\产品销售明细表.xlsx）。

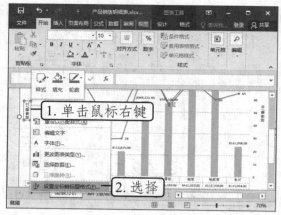

图8-23　选择"设置坐标轴标题格式"命令

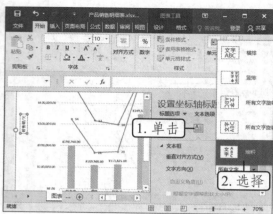

图8-24　设置文字方向

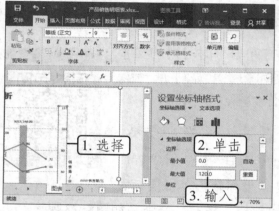

图8-25　设置坐标轴的最大值

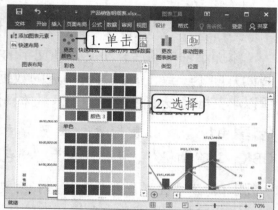

图8-26　设置图表颜色

技能提升

技能一　使用图片
填充数据系列

技能二　将图表以图片
形式应用到其他文档中

技能三　使用
迷你图分析数据

同步实训

通过对"产品销售明细表"表格的分析，小艾不仅熟悉了创建数据、排序数据和汇总数据的方法，还掌握了在表格中插入并编辑图表的方法。为了进一步熟悉相关操作，小艾继续分析"销售业绩表"表格和"产品销售统计表"表格。

实训一　分析"销售业绩表"表格

公司要统计销售部上半年的销售业绩，好为下半年的销售计划做决策，于是李经理将这个任务交给了小艾，要求将这些销售数据制成"销售业绩表"表格，并求出每个销售小组的销售总额和销售平均值。

【制作效果与思路】

本例制作的"销售业绩表"表格效果如图8-27所示（配套资源：\效果\项目八\销售业绩表.xlsx），具体制作思路如下。

（1）打开"销售业绩表"表格（配套资源：\素材\项目八\销售业绩表.xlsx），选择数据区域中的任意一个单元格，在【数据】/【排序和筛选】组中单击"排序"按钮，在打开的"排序"对话框中设置"主要关键字"为"所属部门"、"排序依据"为"数值"、"次序"为"升序"。

（2）单击按钮，设置"次要关键字"为"总销售额"、"排序依据"为"数值"、"次序"为"升序"。

（3）在【数据】/【分级显示】组中单击"分类汇总"按钮，在打开的"分类汇总"对话框中设置"分类字段"为"所属部门"、"汇总方式"为"求和"、"选定汇总项"为"1月""2月""3月""4月""5月""6月"。

（4）再次打开"分类汇总"对话框，设置"分类字段"为"所属部门"、"汇总方式"为"平均值"、"选定汇总项"为"总销售额"，再取消勾选"替换当前分类汇总"复选框。

（5）单击左侧的按钮，将销售A组和销售B组的汇总信息隐藏，再适当调整B列的宽度。

员工姓名	所属部门	1月	2月	3月	4月	5月	6月	总销售额	排名
								495464.4	
	销售A组 平均值								
	销售A组 汇总	1250190	1148240	1218630	1381280	1245226	1188400		
	销售B组 平均值							496755.2	
	销售B组 汇总	1209940	1222070	1228040	1381540	1283288	1126450		
李丽	销售C组	70500	61500	82000	57500	57000	85000	413500	48
詹荣	销售C组	85000	65500	67500	70500	62000	73000	423500	47
张小燕	销售C组	69200	97500	61000	57000	60000	85000	429700	46
杨娜	销售C组	74520	63500	84000	81000	65000	62000	430020	45
马徒	销售C组	72600	59500	88000	63000	88000	60500	431600	44
许鹏	销售C组	71560	60500	85000	57000	76000	83000	433060	43
田丽	销售C组	85660	55500	61000	91500	81000	59000	433660	42
司小辉	销售C组	73660	71000	86000	60500	60000	85000	436160	41
李玲	销售C组	80250	64500	74000	78500	64000	76000	437250	40
刘志刚	销售C组	94580	74500	63000	66000	71000	69000	438080	39
唐艳	销售C组	68990	73000	65000	95000	75500	61000	438490	38
许志杰	销售C组	90160	68050	78000	60500	76000	67000	439710	33
黄丽丽	销售C组	72510	69800	72560	89960	91560	64580	460970	33
杜乐	销售C组	78560	68500	87660	83660	72560	96220	497160	18
	销售C组 平均值							438775.714	
	销售C组 汇总	1087750	952850	1054720	1021620	999620	1026300		
	总计平均值							477867.136	
	总计	3547880	3323160	3501390	3784440	3528134	3341150		

图8-27　"销售业绩表"表格效果

👤 实训二　分析"产品销售统计表"表格

6月是销售旺季，但公司每个产品的销售量各有不同，于是李经理要求小艾将这些产品的库存金额和库销比等数据统计出来，并制成产品库存金额对比图。

【制作效果与思路】

本例制作的产品库存金额对比图效果如图8-28所示（配套资源：\效果\项目八\产品销售统计表.xlsx），具体制作思路如下。

（1）打开"产品销售统计表"表格，在F3单元格中输入公式"=C3-D3"，在H3单元格中输入公式"=F3*G3"，在I3单元格中输入公式"=F3/E3"，再将各公式填充至相应的列。

（2）同时选择B3:B20单元格区域和H3:H20单元格区域，在【插入】/【图表】组中单击"插入柱形图或条形图"按钮 ，在弹出的下拉列表中选择"二维条形图"栏中的"簇状条形图"选项。

（3）将图表标题修改为"产品库存金额对比图"，在【图表工具 设计】/【图表样式】组的"样式"列表框中选择"样式3"选项。

（4）设置数据标签在数据系列外，然后选择数据标签，设置字体颜色为"黑色,文字1"，将图表移至"Chart1"工作表中。

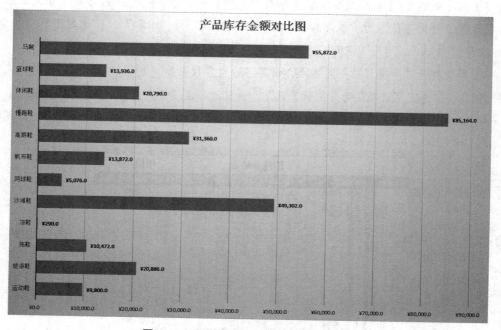

图8-28　"产品库存金额对比图"效果

模块四
市场营销

项目九　制作"新品上市营销策略"演示文稿

职场情境

市场部针对新上市的破壁机产品进行了一系列的营销活动，并制作了一份"新品上市营销策略"演示文稿，现在需要对该演示文稿进行优化。于是李经理把这个任务交给了小艾，要求小艾为幻灯片添加切换效果、动画效果，同时还要为幻灯片添加音频文件和视频文件，便于在放映时更好地展示产品，最后，还要将制作完成的演示文稿保存到OneDrive中，通过电子邮件与其他同事共享。

Office 办公软件应用（慕课版）

 学习目标

知识目标
（1）掌握为幻灯片添加切换效果和动画效果的方法。
（2）掌握在幻灯片中添加音频文件和视频文件的方法。
（3）掌握共享演示文稿的方法。

技能目标
（1）能够为幻灯片或幻灯片中的对象添加适合的动画。
（2）能够插入需要的音频文件或视频文件，并根据需要设置播放选项。
（3）能够将演示文稿保存至 OneDrive 中，并通过电子邮件实现共享。

素养目标
（1）养成有计划、有目的的学习习惯，并在协作过程中建立良好的沟通。
（2）培养运用多媒体软件进行创意表达的能力。

案例效果

任务一 为幻灯片添加切换效果

任务描述

小艾准备为幻灯片添加切换效果、更改切换效果的效果选项、设置切换方式和持续时间，以及为切换效果添加声音，从而让不同幻灯片页面之间更好地衔接起来，使页面切换显得更加自然、生动和有趣，进而提升观众的视觉体验，激发观众的观看兴致，最终获得更好的演示效果。

任务实施

活动一 添加切换效果

添加了切换效果的幻灯片在放映时有较好的视觉效果，因此，小艾准备为所有幻灯片添加切换效果，具体操作如下。

微课视频

添加切换效果

步骤 01 打开"新品上市营销策略"演示文稿（配套资源：\素材\项目九\新品上市营销策略.pptx），在【切换】/【切换到此幻灯片】组中单击"切换效果"按钮▊，在弹出的下拉列表中选择"细微型"栏中的"形状"选项，如图9-1所示。

步骤 02 返回演示文稿后，可发现幻灯片浏览窗格中添加了切换效果的幻灯片编号下方多了一个★形状。

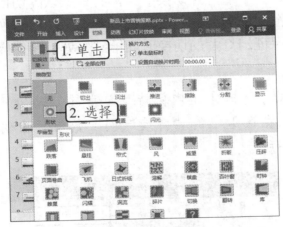

图9-1 选择切换效果

活动二 更改切换效果的效果选项

添加了切换效果后，小艾准备更改切换效果的效果选项，具体操作如下。

微课视频

更改切换效果的效果选项

步骤 01 在【切换】/【切换到此幻灯片】组中单击"效果选项"按钮◈，在弹出的下拉列表中选择"菱形"选项，如图9-2所示。

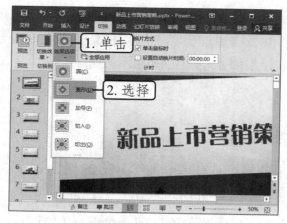

图9-2　选择效果选项

步骤 02 返回演示文稿后，在【切换】/【预览】组中单击"预览"按钮  可查看更改切换效果后的幻灯片切换效果。

活动三　设置切换方式和持续时间

　　默认情况下，每一个幻灯片切换效果都有其默认的切换时长，但是为了配合演示的需要，小艾需要设置幻灯片的切换方式和持续时间，以保证幻灯片的切换时间恰到好处，具体操作如下。

> 微课视频
>
> 设置切换方式和
> 持续时间

步骤 在【切换】/【计时】组中保持"单击鼠标时"复选框处于勾选状态，在该组中的"持续时间"数值框中输入"01.50"，如图9-3所示。

图9-3　设置切换方式和持续时间

活动四 为切换效果添加声音

除了设置幻灯片的切换方式和持续时间外，小艾还准备为幻灯片的切换效果添加切换声音，具体操作如下。

步骤 在【切换】/【计时】组中的"声音"下拉列表中选择"风铃"选项，单击"全部应用"按钮，如图9-4所示。返回演示文稿后，系统将为其余幻灯片应用相同的切换效果与切换效果属性。

图9-4 选择切换声音

任务二 为幻灯片添加动画效果

任务描述

李经理告诉小艾，幻灯片中的内容大多是静止的，若幻灯片中有多件事或有多个段落、层次，就可以配合演讲时的节奏添加自定义动画让内容依次呈现，或者通过添加动画来强调重要的内容，从而引起观众的注意。因此，小艾在添加完幻灯片的切换效果后，还要为幻灯片中的各个对象添加动画、调整动画播放顺序等。

任务实施

活动一 添加进入动画

为了在展示标题文本时能实现从无到有、陆续展现的动画效果，小艾准备为其添加进入动画，具体操作如下。

步骤 01 选择"新品上市营销策略"文本，在【动画】/【动画】组中单击"动画样式"按钮★，在弹出的下拉列表中选择"进入"栏中的"翻转式由远及近"选项，如图9-5所示。

步骤 02 在【动画】/【计时】组中的"开始"下拉列表中选择"上一动画之后"选项，在"持续时间"数值框中输入"02.00"，如图9-6所示。

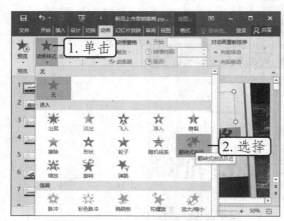

图9-5　选择进入动画　　　　图9-6　设置动画计时

活动二　添加强调动画

既然是关于新品上市的演示文稿，那么上市的产品就应该醒目，因此小艾准备为产品名称文本"破壁机"添加强调动画，具体操作如下。

微课视频

添加强调动画

步骤 01 选择"破壁机"文本，为其添加"浮入"动画，在【动画】/【高级动画】组中单击"添加动画"按钮★，在弹出的下拉列表中选择"强调"栏中的"字体颜色"选项，如图9-7所示。

步骤 02 在【动画】/【动画】组中单击"效果选项"按钮**A**，在弹出的下拉列表中选择"深红"选项，如图9-8所示。

步骤 03 使用同样的方法为"破壁机"文本添加"陀螺旋"强调动画，然后在【动画】/【高级动画】组中单击"动画窗格"按钮，打开"动画窗格"任务窗格，选择代表字体颜色的动画，单击鼠标右键，在弹出的快捷菜单中选择"效果选项"命令，如图9-9所示。

步骤 04 在打开的"字体颜色"对话框中的"效果"选项卡的"平滑结束"右侧的数值框中输入"2秒"，如图9-10所示，然后单击 确定 按钮。

图9-7　选择强调动画

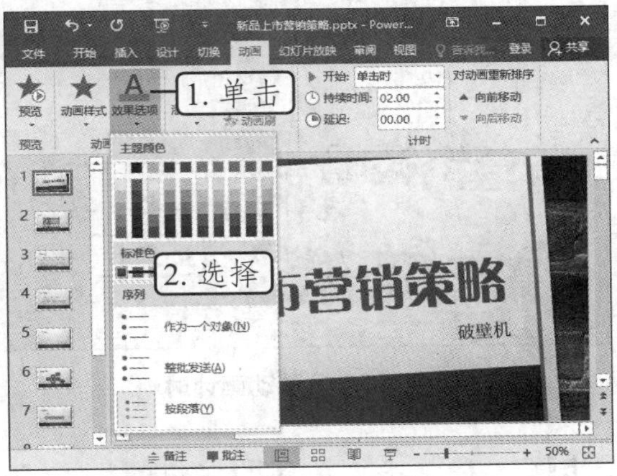

图9-8　选择效果选项

图9-9　选择"效果选项"命令

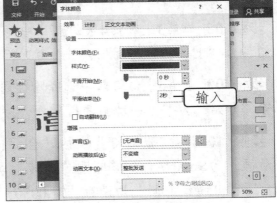

图9-10　设置平滑参数

步骤 05 在"动画窗格"任务窗格中选择"浮入"动画，设置"开始"为"上一动画之后"、"持续时间"为"01.50"。同时选择"陀螺旋"动画和字体颜色动画，设置"开始"为"与上一动画同时"、"持续时间"为"01.50"，如图9-11所示。

步骤 06 在"动画窗格"任务窗格中同时选择"破壁机"文本的3个动画，在【动画】/【高级动画】组中单击"触发"按钮，在弹出的下拉列表中选择"单击"选项，在弹出的子列表中选择"标题1"选项，如图9-12所示。

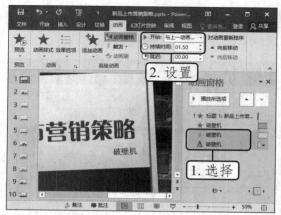

图9-11 设置动画计时

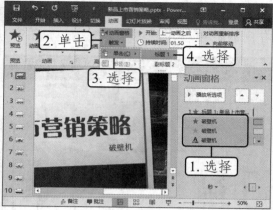

图9-12 设置触发动画

步骤 07 单击"关闭"按钮❌关闭"动画窗格"任务窗格。为第2张幻灯片中的对象添加自左侧的"擦除"动画，设置"开始"为"上一动画之后"、"持续时间"为"01.00"。

步骤 08 为第3张和第4张幻灯片中的对象添加"随机线条"动画，设置"开始"为"上一动画之后"、"持续时间"为"01.00"。

步骤 09 在第6张幻灯片中选择除标题外的所有对象，应用"劈裂"动画，设置"开始"为"上一动画之后"、"持续时间"为"01.00"。

步骤 10 为第7张幻灯片中的"合计：40.8万元"文本应用下浮的"浮入"动画，为SmartArt图形应用"旋转"动画，将"开始"均设为"上一动画之后"，"持续时间"均设为"01.00"。

步骤 11 为第8张幻灯片中的圆形应用"轮子"动画，为线条应用自顶部的"擦除"动画，为其余对象应用自左侧的"擦除"动画，将"开始"均设为"上一动画之后"，"持续时间"均设为"01.00"。

步骤 12 为第9张幻灯片中左侧的对象应用自顶部的"擦除"动画，为右侧的对象应用自左侧的"擦除"动画，将"开始"均设为"上一动画之后"，"持续时间"均设为"01.00"。

👤 活动三 调整动画的播放顺序

小艾在检查动画效果时，发现第6张幻灯片中对象的出现顺序稍显混乱。因此，小艾需要调整该张幻灯片中动画的播放

微课视频

调整动画的播放顺序

顺序，具体操作如下。

步骤 01 选择第6张幻灯片，在【动画】/【高级动画】组中单击"动画窗格"按钮，打开"动画窗格"任务窗格，在其中选择"组合2"选项，当鼠标指针变成形状时，按住鼠标左键向上拖曳至"组合3"选项的上方，出现橙色线段时释放鼠标左键，如图9-13所示。

步骤 02 使用同样的方法调整该张幻灯片中其他对象的动画播放顺序，效果如图9-14所示。

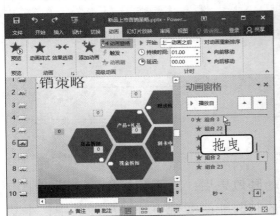

图9-13 设置动画播放顺序　　　　图9-14 调整后的动画播放顺序

👤 活动四　添加退出动画

为了表示演示文稿的结束，小艾准备为最后一张幻灯片中的文本添加从有到无、逐渐消失的退出动画，具体操作如下。

步骤 01 选择第10张幻灯片中的"谢谢观看"文本，单击【动画】/【动画】组中的"动画样式"按钮★，在弹出的下拉列表中选择"退出"栏中的"弹跳"选项，如图9-15所示。

步骤 02 在【动画】/【计时】组中设置"开始"为"上一动画之后"、"持续时间"为"02.00"、"延迟"为"00.50"，如图9-16所示。

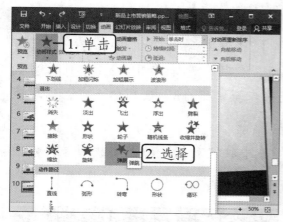

图9-15　选择退出动画

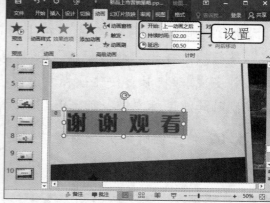

图9-16　设置动画计时

任务三　插入多媒体文件

任务描述

在为各张幻灯片添加完切换效果和动画效果后，为了使制作的"新品上市营销策略"演示文稿更富有感染力，在放映时能使观众更好地沉浸其中，小艾准备在其中插入全程播放的音频文件和用于展示产品的视频文件，以帮助观众更好地理解产品。

任务实施

活动一　插入音频文件

小艾准备在第1张幻灯片中插入保存在计算机中的音频文件，具体操作如下。

步骤 01 选择第1张幻灯片，在【插入】/【媒体】组中单击"音频"按钮 🔊，在弹出的下拉列表中选择"PC上的音频"选项，如图9-17所示。

微课视频

插入音频文件

步骤 02 在打开的"插入音频"对话框中选择"轻音乐.mp3"音频文件（配套资源：\素材\项目九\轻音乐.mp3）后，单击 插入(S) ▼ 按钮，如图9-18所示。

图9-17 选择"PC上的音频"选项

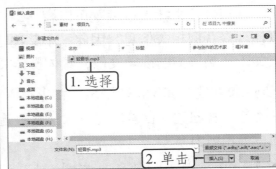

图9-18 插入音频

步骤 03 选择音频图标,将其拖曳至页面左下角,在【音频工具 格式】/【调整】组中单击"颜色"按钮，在弹出的下拉列表中选择"重新着色"栏中的"灰色-80%,文本颜色2深色"选项,如图9-19所示。

步骤 04 在【音频工具 播放】/【音频样式】组中单击"在后台播放"按钮，这样在放映幻灯片时能自动播放插入的音频。在【音频工具 播放】/【音频选项】组中勾选"跨幻灯片播放"复选框、"循环播放,直到停止"复选框和"放映时隐藏"复选框,如图9-20所示。

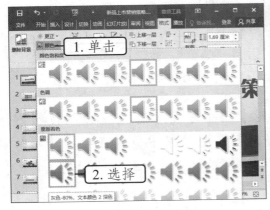

图9-19 设置图标颜色

图9-20 设置音频选项

✎ **经验之谈**

如果音频时间过长,那么可以选择音频图标,在【音频工具 播放】/【编辑】组中单击"剪裁音频"按钮，在打开的"剪裁音频"对话框中设置音频的开始时间和结束时间。

👤 活动二　插入视频文件

在幻灯片中插入视频既可以增强幻灯片的视觉效果，又可以使观众获取相关信息，因此，小艾决定在第 5 张幻灯片中插入关于产品宣传的视频文件，具体操作如下。

微课视频
插入视频文件

步骤 01 选择第5张幻灯片，在【插入】/【媒体】组中单击"视频"按钮，在弹出的下拉列表中选择"PC上的视频"选项，如图9-21所示。

步骤 02 在打开的"插入视频文件"对话框中选择"破壁机详情视频.mp4"视频文件（配套资源：\素材\项目九\破壁机详情视频.mp4）后，单击 插入(S) 按钮，如图9-22所示。

图9-21　选择"PC上的视频"选项

图9-22　插入视频

步骤 03 在【视频工具 播放】/【编辑】组中单击"剪裁视频"按钮，在打开的"剪裁视频"对话框的"开始时间"数值框中输入视频的开始时间"00:00.165"，在"结束时间"数值框中输入视频的结束时间"02:23.847"，如图9-23所示，单击 确定 按钮。

步骤 04 在【视频工具 格式】/【调整】组中单击"标牌框架"按钮，在弹出的下拉列表中选择"文件中的图像"选项，如图9-24所示。

步骤 05 打开"插入图片"对话框，在其中选择"从文件"选项，如图9-25所示。在打开的"插入图片"对话框中选择"视频封面.jpg"图片（配套资源：\素材\项目九\视频封面.jpg），单击 插入(S) 按钮，如图9-26所示。

图9-23 剪裁视频

图9-24 选择"文件中的图像"选项

图9-25 "插入图片"对话框

图9-26 选择图片

✏️ **经验之谈**

除了可以通过上述方法设置视频封面外，还可以将视频播放到需要作为封面的那一帧，然后在"标牌框架"下拉列表中选择"当前框架"选项，将该帧画面作为封面。

步骤 06 在【视频工具 格式】/【视频样式】组中单击"视频样式"按钮🎬，在弹出的下拉列表中选择"细微型"栏中的"柔化边缘矩形"选项，如图9-27所示。

步骤 07 在【视频工具 播放】/【视频选项】组中勾选"全屏播放"复选框和"播完返回开头"复选框，如图9-28所示。

步骤 08 调整视频文件的大小，使其位于标题下方的空白区域。

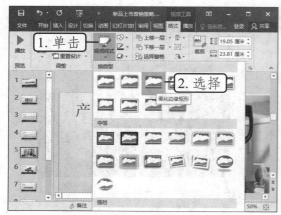

图9-27 设置视频样式

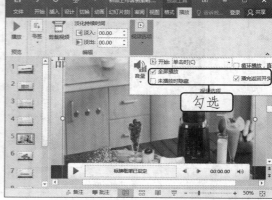

图9-28 设置视频选项

任务四 共享演示文稿

任务描述

李经理告诉小艾，文档、表格或演示文稿制作完成之后，为了方便移动办公，可以选择将其存储到 OneDrive 中，当需要修改文件时，可以通过计算机、手机或平板电脑进行相关操作，且更改后的内容也会自动同步，避免了因重复操作而带来的弊端。同时，OneDrive 还可以共享文件，与他人进行协同办公，有利于提高工作效率。因此，小艾要把制作完成的演示文稿保存到 OneDrive 中，并通过电子邮件共享该演示文稿。

任务实施

活动一 将演示文稿保存到OneDrive中

小艾准备将制作完成的"新品上市营销策略"演示文稿保存到 OneDrive 中，具体操作如下。

步骤 01 单击 登录 按钮，打开图9-29所示的"登录"界面，在文本框中输入电子邮箱地址或手机号码后，单击 下一步 按钮。在打开的界面中输入密码，单击 登录 按钮，如图9-30所示。

微课视频

将演示文稿保存到
OneDrive 中

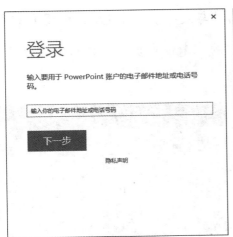

图9-29　"登录"界面

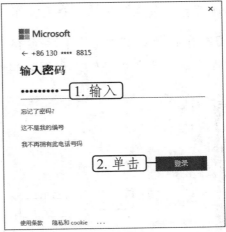

图9-30　输入密码

步骤 02 返回演示文稿，选择【文件】/【另存为】命令，打开"另存为"界面，在其中选择"OneDrive－个人"选项，在右侧选择"OneDrive－个人"选项，如图9-31所示。

步骤 03 在打开的"另存为"对话框中打开"文档"文件夹，保持演示文稿的默认文件名和保存类型，单击 保存(S) 按钮，如图9-32所示。

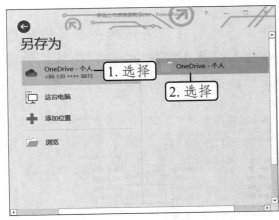

图9-31　选择保存位置

图9-32　保存文件

活动二　通过电子邮件共享

保存完演示文稿后，小艾还需要通过电子邮件将其分享给李经理和其他人员查看，具体操作如下。

步骤 01 选择【文件】/【共享】命令，在打开的"共享"界

微课视频

通过电子邮件共享

面中选择"与人共享"选项，在右侧单击"与人共享"按钮，如图9-33所示。

步骤 02 在打开的"共享"任务窗格中的"邀请人员"文本框右侧单击"在通讯簿中搜索联系人"按钮，如图9-34所示。

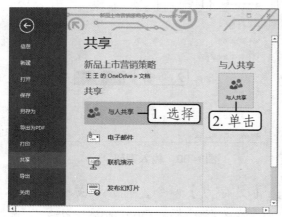

图9-33　单击"与人共享"按钮　　　　图9-34　单击"在通讯簿中搜索联系人"按钮

步骤 03 在打开的"通讯簿：全局地址列表"对话框中单击 新建联系人(W) 按钮。打开属性对话框，在其中输入联系人的姓名和电子邮件地址后，单击 确定 按钮，如图9-35所示。

步骤 04 使用相同的方法添加其他收件人，然后在"通讯簿：全局地址列表"对话框左侧的列表框中选择需要共享的人，单击 收件人(O)-> 按钮，将其添加到"邮件收件人"列表框中，再单击 确定 按钮，如图9-36所示。

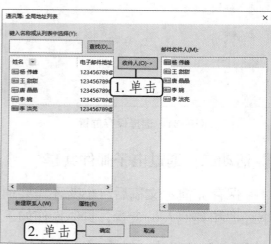

图9-35　新建联系人　　　　　　　　图9-36　添加邮件收件人

步骤 05 返回演示文稿后，可看到"邀请人员"文本框中显示了所有收件人的地址。单击 可编辑 按钮右侧的下拉按钮 ▼，在弹出的下拉列表中选择"可查看"选项，即只允许收件人查看，不允许收件人编辑，最后单击 共享 按钮，文件便会以邮件的形式共享出去（配套资源：\效果\项目九\新品上市营销策略.pptx）。

技能提升

技能一 使用动画刷复制动画效果

技能二 插入屏幕录制

技能三 添加超链接

同步实训

通过制作"新品上市营销策略"演示文稿，小艾不仅熟悉了为幻灯片添加切换效果和为幻灯片对象添加动画效果的方法，还掌握了在幻灯片中插入并编辑音频文件和视频文件的方法，以及共享演示文稿的方法。为了进一步熟悉相关操作，小艾继续制作"销售季度汇报"演示文稿和"2023 年下半年销售计划"演示文稿。

实训一 制作"销售季度汇报"演示文稿

公司准备在下周二开展一季度、二季度的销售汇报，于是李经理将制作"销售季度汇报"演示文稿的任务交给了小艾，要求小艾在添加完内容后，为各幻灯片添加相同的切换效果，然后为幻灯片中的各个对象添加不同的动画效果，最后将制作完成的演示文稿通过电子邮件发送给他。

【制作效果与思路】

本例制作的"销售季度汇报"演示文稿效果如图 9-37 所示（配套资源：\效果\项目九\销售季度汇报.pptx），具体制作思路如下。

（1）打开"销售季度汇报"演示文稿（配套资源：\素材\项目九\销售季度汇报.pptx），为所有幻灯片应用自左侧的"库"切换效果，将切换声音设置为"推动"，"持续时间"设置为"02.00"，换片方式设置为"单击鼠标时"。

（2）为第1张幻灯片中的标题应用下浮的"浮入"效果，将该效果的"开始"设置为"上一动画之后"，"持续时间"设置为"01.25"；为该张幻灯片中的副标题应用"淡出"效果和"波浪形"强调效果，其中"淡出"效果的"开始"为"上一动画之后"，"持续时间"为"01.50"；"波浪形"效果的"开始"为"与上一动画同时"，"持续时间"为"01.50"。

（3）使用同样的方法为其余幻灯片中的对象应用其他动画效果，并将制作完成的演示文稿保存到OneDrive中，将其通过电子邮件发送给李经理。

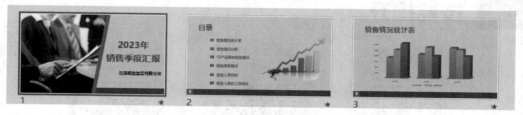

图9-37 "销售季度汇报"演示文稿效果

👤 实训二 制作"2023年下半年销售计划"演示文稿

为了更好地完成销售任务，公司在上周五开展了一场关于下半年销售计划的会议，会议结束后，李经理让小艾将会议内容整理成"2023年下半年销售计划"演示文稿，并要求为幻灯片添加切换效果，然后为幻灯片中的对象添加动画效果，同时还要添加音频文件，最后将制作完成的演示文稿发送给各销售小组的组长。

【制作效果与思路】

本例制作的"2023年下半年销售计划"演示文稿效果如图9-38所示（配套资源：\效果\项目九\2023年下半年销售计划.pptx），具体制作思路如下。

（1）打开"2023年下半年销售计划"演示文稿（配套资源：\素材\项目九\2023年下半年销售计划.pptx），在第1张幻灯片中添加音频文件"背景音乐.mp4"（配套资源：\素材\项目九\背景音乐.mp4），将音频图标移至幻灯片页面的左上角，并设置其颜色为"灰色-25%,背景颜色2浅色"。

（2）为所有幻灯片应用向左的"悬挂"切换效果，将切换声音设置为"箭头"，"持续时间"设置为"02.00"，换片方式设置为"单击鼠标时"。

（3）为第1张幻灯片中的标题应用自底部的"飞入"效果，将"开始"设置为"上一动画之后"，"持续时间"设置为"01.50"；为该张幻灯片中的副标题应用自顶部的"飞入"效果、"放大/缩小"强调效果和红色的字体颜色效果。其中"飞入"效果的"开始"为"上一动画之后"，"持续时间"为"01.50"；"放大/缩小"效果和红色字体颜色效果的"开始"为"与上一动画同时"，"持续时间"为"01.50"。

（4）使用同样的方法为其余幻灯片中的对象应用其他动画效果，并将制作完成的演示文稿保存到OneDrive中，将其通过电子邮件发送给各销售小组的组长。

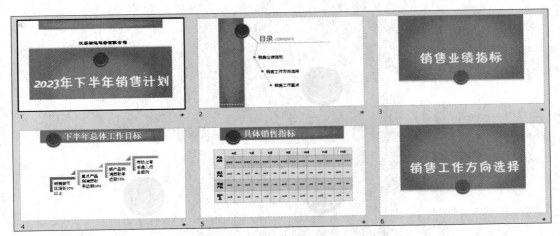

图9-38　"2023年下半年销售计划"演示文稿效果

模块五

电子商务

项目十　制作"电商节日活动策划方案"文档

职场情境

　　为了庆祝即将到来的中秋节和国庆节，公司准备开展店铺促销活动，因此李经理让小艾制作一份"电商节日活动策划方案"文档。

　　小艾在制作文档时，为了使文档显得更正式，不仅为文档添加了封面和目录，还设置了不同样式的页眉和页脚。她把制作完成的文档传给李经理后，李经理对文档的内容做了一些批注，并要求小艾根据批注修改文档内容。

学习目标

✈ **知识目标**

（1）掌握插入封面和创建目录的方法。

（2）掌握设置不同页眉和页脚的方法。

（3）掌握添加批注和修订文档的方法。

（4）了解检查并更正文档的方法。

✈ **技能目标**

（1）能够为文档添加合适的封面，以及正确提取目录。

（2）能够为文档中的不同内容设置不同的页眉和页脚。

（3）能够对文档进行批注，能够根据他人的批注修订文档。

✈ **素养目标**

（1）具备创新思维，成为具备国际化知识体系的高素质应用型、复合型人才。

（2）乐于接受他人的意见，养成虚心向上的美德。

🔍 **案例效果**

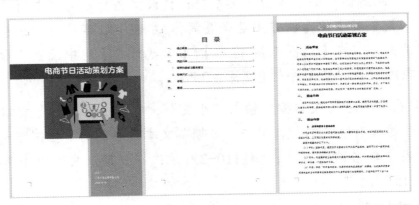

任务一　插入封面和创建目录

👤 **任务描述**

李经理告诉小艾，在制作策划文档、员工手册或制度文档等文档时，通常要为其添加封面和目录。其中，封面可以是 Word 内置的，也可以是自己设计的，而目录则可以用 Word 的目录功能自动提取出来。因此，为了使文档更加正式，小艾准备在文档中插入封面和创建目录。

任务实施

活动一　插入封面

为了提高制作效率，小艾准备在"电商节日活动策划方案"文档中插入 Word 内置的封面，具体操作如下。

微课视频

插入封面

步骤 01 打开"电商节日活动策划方案"文档（配套资源：\素材\项目十\电商节日活动策划方案.docx），将文本插入点定位至"电商节日活动策划方案"文本前，在【布局】/【页面设置】组中单击"分隔符"按钮，在弹出的下拉列表中选择"下一页"选项。

步骤 02 将文本插入点定位至新增的空白页中，在【插入】/【页面】组中单击"封面"按钮，在弹出的下拉列表中选择"运动型"选项，如图10-1所示。

步骤 03 删除封面中的"年份"文本框；修改文档标题为"电商节日活动策划方案"，设置其字体为"方正兰亭圆简体_中粗"、字号为"小初"；选择标题下方的矩形，在【绘图工具 格式】/【形状样式】组中设置"形状填充"和"形状轮廓"为"橙色,个性色2,深色25%"。

步骤 04 在"作者"文本框中输入"小艾"，在"公司名称"文本框中输入"江苏松达运营有限公司"，单击"日期"文本框右侧的下拉按钮，在弹出的下拉列表中单击"今日"，如图10-2所示，"日期"文本框中将自动输入"2023-9-15"。

步骤 05 选择绿色的矩形，设置"形状填充"为"橙色,个性色2,淡色40%"。选择矩形左侧绿色线条样式的矩形，在"形状填充"下拉列表中选择"纹理"选项，在弹出的下拉列表中选择"再生纸"选项，如图10-3所示。

步骤 06 选择图片，单击鼠标右键，在弹出的快捷菜单中选择"更改图片"命令，如图10-4所示。

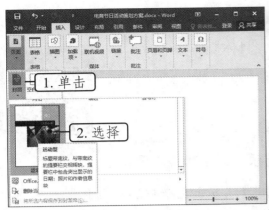

图10-1 选择封面样式

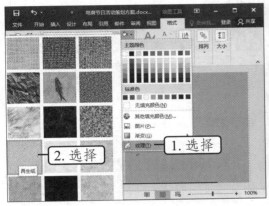

图10-3 设置形状填充

图10-2 选择日期

图10-4 选择"更改图片"命令

步骤 07 在打开的"插入图片"对话框中选择"从文件"选项，如图10-5所示。

步骤 08 在打开的"插入图片"对话框中选择"封面图片.jpg"图片（配套资源：\素材\项目十\封面图片.jpg），单击 插入(S) 按钮，如图10-6所示。返回文档后，可查看修改封面内容后的效果。

图10-5 "插入图片"对话框

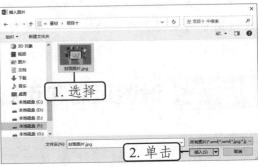

图10-6 选择图片

活动二　创建目录

编辑完封面后，小艾打算创建目录，具体操作如下。

步骤 01 将文本插入点定位至封面页的空白处，在"分隔符"下拉列表中选择"下一页"选项。

步骤 02 在【引用】/【目录】组中单击"目录"按钮，在弹出的下拉列表中选择"自动目录2"选项，如图10-7所示。

步骤 03 选择"目录"文本，设置字体为"方正兰亭中粗黑简体"、字号为"28"，加粗文本并使其居中显示；选择目录内容，设置字体为"方正博雅刊宋简体"、字号为"小四"，效果如图10-8所示。

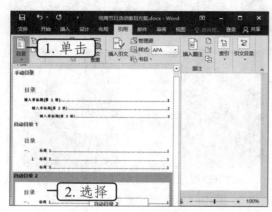
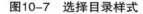

图10-7　选择目录样式

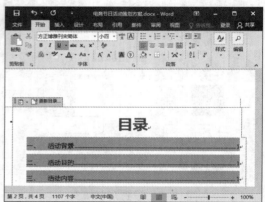

图10-8　设置目录格式后的效果

> ✏ **经验之谈**
>
> 在"目录"下拉列表中选择"自定义目录"选项，可在打开的"目录"对话框中对制表符前导符、显示级别、是否显示页码、页码是否右对齐和使用超链接等进行设置。另外，在该对话框中单击"选项"按钮，可在打开的"目录选项"对话框中对要提取样式的目录级别进行设置。

任务二　设置页眉和页脚

任务描述

页眉和页脚常用来显示文档的附加信息，如创建时间、公司 Logo、文档标题、文件名、作者姓名或页码等。通常页眉位于文档页面的顶部区域，页脚位于文档页面的底部区域。小艾准备为奇数页、偶数页创建不同的页眉和页脚。

任务实施

活动一　添加页眉和页脚

微课视频

添加页眉和页脚

小艾准备将公司名称作为文档的页眉，并添加形状和图片等对象，再用 Word 内置的页码作为页脚，具体操作如下。

步骤 01 在页面顶端双击，或在【插入】/【页眉和页脚】组中单击"页眉"按钮 ，在弹出的下拉列表中选择"空白"选项，如图10-9所示。

步骤 02 删除"【在此处键入】"文本，再在【开始】/【字体】组中单击"清除所有格式"按钮 ，删除页眉中的横线，如图10-10所示。

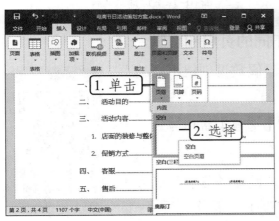
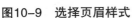

图10-9　选择页眉样式

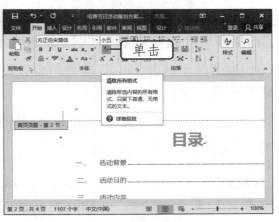

图10-10　清除格式

步骤 03 将文本插入点定位至"页眉-第3节"处，在其中输入"江苏松达运营有限公司"文本，设置字体格式为"方正粗倩简体、四号、居中"，设置字体颜色为"白色,背景1"；插入一个"五边形"形状，设置样式为"强烈效果-橙色,强调颜色2"，并设置环绕方式为"衬于文字下方"。

步骤 04 插入"公司图标.png"图片（配套资源：\素材\项目十\公司图标.png），设置其环绕方式为"浮于文字上方"，将其移至"江苏松达运营有限公司"文本的左侧，效果如图10-11所示。

步骤 05 在【页眉和页脚工具 设计】/【导航】组中单击"转至页脚"按钮图，文本插入点将自动定位至"页脚-第3节"处。在【页眉和页脚工具 设计】/【页眉和页脚】组中单击"页码"按钮图，在弹出的下拉列表中选择"页面底端"选项，在弹出的子列表中选择"颚化符"选项，如图10-12所示。

图10-11 页眉效果

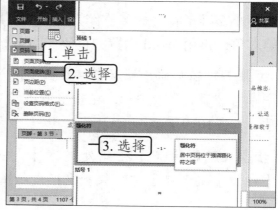

图10-12 选择页码样式

活动二 为奇数页、偶数页创建不同的页眉和页脚

为了便于区分，小艾准备为奇数页、偶数页创建不同的页眉和页脚，具体操作如下。

步骤 01 在【页眉和页脚工具 设计】/【选项】组中勾选"奇偶页不同"复选框，如图10-13所示。

步骤 02 返回文档后，可发现原来的"页眉-第3节"变为了"奇数页页眉-第3节"，第4页页眉变为了"偶数页页眉-第3节"。

微课视频

为奇数页、偶数页创建不同的页眉和页脚

步骤 03 清除"偶数页页眉-第3节"中的横线，将"奇数页页眉-第3节"中的形状、图片和文本复制粘贴至"偶数页页眉-第3节"中，接着修改文本为"电商节日活动策划方案"。

步骤 04 将文本插入点定位至"偶数页页脚-第3节"处，添加"普通数字2"样式的页码，然后在【页眉和页脚工具 设计】/【关闭】组中单击"关闭页眉和页脚"按钮区，如图10-14所示，退出页眉页脚编辑状态，返回到普通视图中。

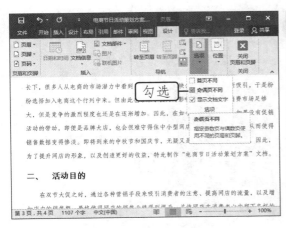

图10-13 设置奇偶页不同　　　　　图10-14 关闭页眉和页脚

任务三 批注文档

任务描述

制作完"电商节日活动策划方案"文档后，小艾通过电子邮件将该文档发送给了李经理，李经理查看后，对文档内容提出了一些意见和建议，并要求小艾进行相应的修改。

任务实施

活动一 添加批注

李经理在翻阅小艾制作的文档时，发现了几处问题，于是他准备通过批注的形式提出一些建议，具体操作如下。

微课视频

添加批注

步骤 01 在【审阅】/【批注】组中单击"显示批注"按钮，将文本插入点定位至第1页中，在【审阅】/【批注】组中单击"新建批注"按钮，如图10-15所示。

步骤 02 页面右侧将出现一个批注框，并用红色线条连接着批注对象，在批注框中输入"将文档打印出来，看看效果怎么样"文本，如图10-16所示。

步骤 03 阅读其余内容，并使用同样的方法添加批注。

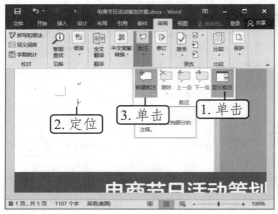

图10-15　添加批注

图10-16　输入批注内容

步骤 04 在【审阅】/【修订】组中单击"审阅窗格"按钮右侧的下拉按钮，在弹出的下拉列表中选择"垂直审阅窗格"选项，在打开的"修订"任务窗格中可查看文档的修订数量和修订内容，如图10-17所示。

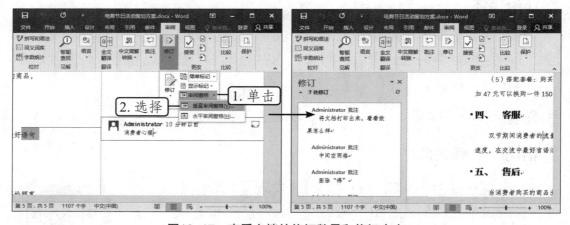

图10-17　查看文档的修订数量和修订内容

✏️ **经验之谈**

若要删除文档中的某个批注，则可在【审阅】/【批注】组中单击"删除"按钮，或单击鼠标右键，在弹出的快捷菜单中选择"删除批注"命令。另外，单击"删除"按钮下方的下拉按钮，在弹出的下拉列表中选择"删除文档中的所有批注"选项，可将文档中的批注全部删除。

活动二 修订文档

小艾收到李经理返回的文档后，便开始进行修改，但在修改前，她准备先设置修订标记以做区分，然后再对文档进行修订，具体操作如下。

微课视频

修订文档

步骤 01 在【审阅】/【修订】组中单击"对话框启动器"按钮，在打开的"修订选项"对话框中单击 高级选项(A)... 按钮，如图10-18所示。

步骤 02 在打开的"高级修订选项"对话框的"标记"栏中的"插入内容"和"删除内容"右侧的"颜色"下拉列表中选择"蓝色"选项，如图10-19所示，单击 确定 按钮。

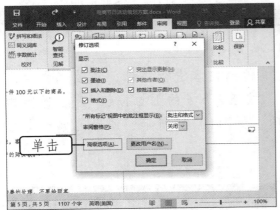

图10-18 "修订选项"对话框

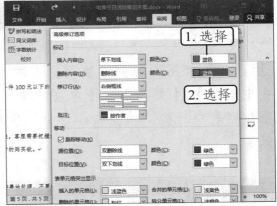

图10-19 设置修订标记

步骤 03 返回"修订选项"对话框，单击 确定 按钮，返回文档，在【审阅】/【修订】组中单击"修订"按钮，进入修订状态。

步骤 04 在【审阅】/【修订】组中单击"显示标记"按钮右侧的下拉按钮，在弹出的下拉列表中选择"批注框"选项，在弹出的子列表中选择"在批注框中显示修订"选项，如图10-20所示。

步骤 05 选择第1页中的"将文档打印出来，看看效果怎么样"批注，将其删除。在第2页的"目录"文本中间添加两个空格后，将相应的批注删除，"目录"文本中间会出现一条蓝色的下划线表示此处有修改，且右侧会有一条灰色的线段，如图10-21所示。选择该线段后，"目录"文本中间的下划线会被删除，且灰色的线段将变为红色。

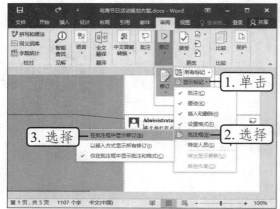

图10-20 选择"在批注框中显示修订"选项

图10-21 修改批注后的效果

步骤 06 在第3页中选择"删除'得'"批注对应的"得"文本，将其删除，右侧会出现一个蓝色的批注框，里面显示了操作的具体内容，且原批注框消失，如图10-22所示。

步骤 07 使用同样的方法根据批注对其他的内容进行修订，修改完成后，在【审阅】/【更改】组中单击"接受"按钮☑下方的下拉按钮▾，在弹出的下拉列表中选择"接受所有修订"选项，如图10-23所示，所做的修改会被保留。

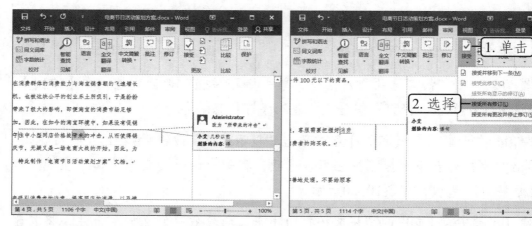

图10-22 删除批注对象后的效果　　　　　　图10-23 接受修订

步骤 08 再次单击"修订"按钮📝，退出修订状态。

任务四　检查并更正文档

任务描述

　　小艾修改完文档后，还要将最终版传给李经理。为了不出差错，她准备逐字逐句地进行检查。此时李经理告诉小艾，这样检查太费时间了，而且还不一定能做到全面检查。他建议小艾使用 Word 自带的拼写和语法检查功能，该功能能够在拼写错误的词语下方显示一条红色的波浪线，在可能存在语法错误的词语下方显示一条蓝色的波浪线，依据此标识修改文本可以极大地提高文档的正确率。

任务实施

　　小艾准备使用拼写和语法检查功能检查"电商节日活动策划方案"文档中可能存在的错误，具体操作如下。

微课视频

检查并更正文档

步骤 01 选择【文件】/【选项】命令，在打开的"Word选项"对话框的左侧单击"校对"选项卡，在右侧的"在Word中更正拼写和语法时"栏中勾选"键入时检查拼写""键入时标记语法错误""经常混淆的单词""随拼写检查语法"复选框，单击 确定 按钮，如图10-24所示。

步骤 02 在【审阅】/【校对】组中单击"拼写和语法"按钮，打开"语法"任务窗格，如图10-25所示。

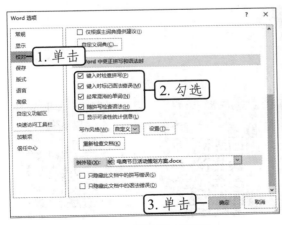

图10-24　设置校对选项

图10-25　"语法"任务窗格

步骤 03 标记出的第1个错误是"商节日"，单击"忽略"按钮忽略该错误，系统将自动转至下一个可能的错误。

步骤 04 检查到"渲染气纷"时，可看见"纷"文本下方有一条红色的波浪线，将其改为正确的"氛"后，单击 恢复(S) 按钮，如图10-26所示，系统将自动转至下一个错误。

步骤 05 选择"景像"，单击鼠标右键，在弹出的快捷菜单中选择"景象"命令，如图10-27所示，文档中的"景像"将自动变为"景象"。

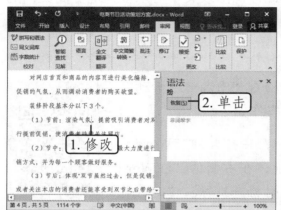

图10-26　修改错别字　　　　　　图10-27　替换错别字

步骤 06 使用同样的方法修改其他错误，修改完成后，在弹出的提示对话框中单击 确定 按钮，完成文档的校对操作（配套资源：\效果\项目十\电商节日活动策划方案.docx）。

技能提升

技能一　创建交叉引用	技能二　通过书签快速定位	技能三　统计文档字数	技能四　应用多级列表

同步实训

通过制作"电商节日活动策划方案"文档，小艾不仅熟悉了插入封面与创建目录的方法，还掌握了为奇数页、偶数页设置不同的页眉和页脚的方法，以及为文档添加批注、检查并更正文档的方法。为了进一步熟悉相关操作，小艾继续制作"电商人员入职培训方案"文档和"电商人员薪酬制度"文档。

实训一　制作"电商人员入职培训方案"文档

公司最近招聘了一批新员工，为了让他们尽快进入工作状态，公司准备于下周五开展员工培训会。在培训之前，李经理让小艾制作一份"电商人员入职培训方案"文档，要求为文档添加封面、页眉和页脚。

【制作效果与思路】

本例制作的"电商人员入职培训方案"文档效果如图10-28所示（配套资源：\效果\项目十\电商人员入职培训方案.docx），具体制作思路如下。

（1）打开"电商人员入职培训方案"文档（配套资源：\素材\项目十\电商人员入职培训方案.docx），插入"镶边"样式的封面，再根据提示补充并设置封面内容。

（2）在页面上方双击进入页眉页脚编辑状态，在其中输入颜色为"蓝色,个性色1,深色50%"的"江苏松达运营有限公司"文本，然后再插入"细微效果-蓝色,强调颜色1"样式的"燕尾行箭头"形状，并设置环绕方式为"衬于文字下方"。

（3）转至页脚，在其中插入"三角形2"样式的页码。

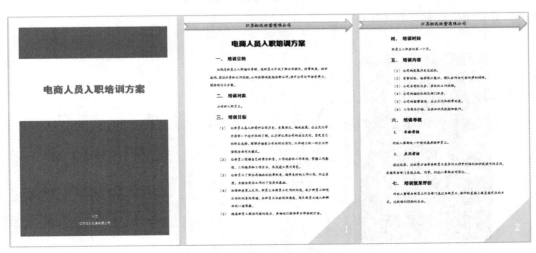

图10-28　"电商人员入职培训方案"文档效果

🧑 实训二 制作"电商人员薪酬制度"文档

薪酬是员工最关心的信息之一，公司准备将薪酬制度从员工手册中分离出来作为单独的一部分，李经理将这个任务交给了小艾，并让她分离文档后通篇检查一下有没有错误的地方，然后再为文档添加封面、目录、页眉和页脚等元素。

【制作效果与思路】

本例制作的"电商人员薪酬制度"文档效果如图10-29所示（配套资源：\效果\项目十\电商人员薪酬制度.docx），具体制作思路如下。

（1）打开"电商人员薪酬制度"文档（配套资源：\素材\项目十\电商人员薪酬制度.docx），在【审阅】/【校对】组中单击"拼写和语法"按钮✔，检查文档中的语法错误，并将"司龄"改为"工龄"。

（2）插入"切片（深色）"样式的封面，修改标题为"电商人员薪酬制度"，并设置字体格式为"方正宋黑简体、48"，设置字体颜色为"白色,背景1"，再删除封面中的副标题。

（3）设置封面的样式为"渐变填充-橙色,强调颜色2,无轮廓"，再将文本插入点定位至封面中，插入"下一页"分页符，在第2页中插入"自动目录1"样式的目录，删除"目录"文本前的编号"一、"，再设置字体格式为"方正品尚准黑简体、一号、居中、加粗"。

（4）选择目录内容，设置字体为"方正仿宋_GBK"、字号为"五号"，再设置奇数页的页眉为"江苏松达运营有限公司"、偶数页的页眉为"电商人员薪酬制度"，字体格式均为"方正中粗雅宋_GBK、小四、加粗、居中"，设置字体颜色为"橙色,个性色,深色50%"。

（5）为奇数页应用"堆叠纸张1"样式的页码，为偶数页应用"堆叠纸张2"样式的页码，退出页眉页脚编辑状态，删除最后一张空白页。

（6）单击目录上方的"更新目录"按钮🗒，在打开的"更新目录"对话框中选中"只更新页码"单选项，以自动更新页码。

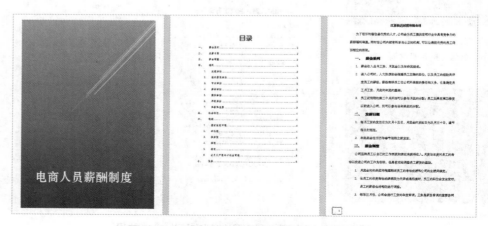

图10-29 "电商人员薪酬制度"文档效果

模块五
电子商务

项目十一　分析"直播电商成交额数据"表格

职场情境

　　为了扩大商品销量，公司在7月18日至7月24日这7天内进行了7场销售直播，每场销售直播结束后，李经理便要求小艾将该场直播的成交额数据记录下来，并在第7场销售直播结束后，将这7天的商品成交额数据制成"直播电商成交额数据"表格。

　　制作完表格后，李经理还要求小艾对工作表进行美化，同时筛选出符合条件的数据，并用数据透视表和数据透视图分析数据。

学习目标

知识目标

（1）掌握导入数据和清理数据的方法。

（2）掌握新建单元格样式的方法。

（3）掌握创建数据透视图表的方法。

技能目标

（1）能够将其他文件中的数据快速导入 Excel 表格中。

（2）能够根据实际需要对表格数据进行筛选。

（3）能够以指定的格式显示出符合条件的数据。

（4）能够根据数据源创建出需要的数据透视图表。

素养目标

（1）体会用图表加工数据的意义，养成多角度分析与处理数据的意识。

（2）培养正确分析、评价数据的意识。

案例效果

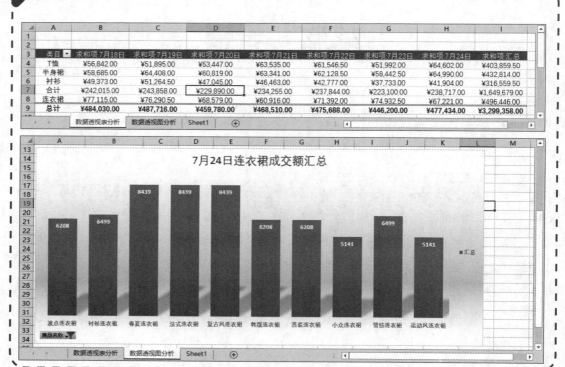

任务一 数据的获取

任务描述

为了在销售直播结束后能快速获取数据，小艾将这些数据记录在了记事本软件中，但现在她需要将这些数据移到工作表中。此时李经理告诉小艾，如果数据是以 Excel 文件、文本文件、数据库文件等形式保存在计算机中，那么就可以通过 Excel 表格提供的获取外部数据功能进行导入，且导入的数据能自动分隔。因此，小艾决定先导入数据，然后再清理数据和编辑数据。

任务实施

活动一 导入数据

由于数据是以文本文件的形式保存在计算机中，所以小艾准备先新建并保存工作簿，然后再导入文件，具体操作如下。

微课视频

导入数据

步骤 01 新建并保存"直播电商成交额数据"工作簿，在【数据】/【获取外部数据】组中单击"自文本"按钮，如图11-1所示。

步骤 02 在打开的"导入文本文件"对话框中选择"直播电商成交额数据.txt"文档（配套资源：\素材\项目十一\直播电商成交额数据.txt），单击 导入(M) 按钮，如图11-2所示。

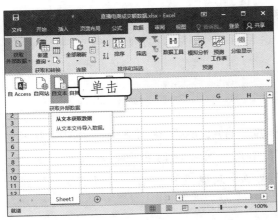

图11-1 单击"自文本"按钮

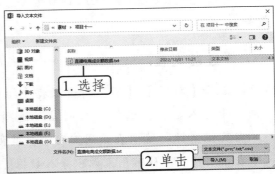

图11-2 选择数据源

步骤 03 在打开的"文本导入向导-第1步，共3步"对话框中的"请选择最合适的文件类型"栏中选择需要的文件类型，在"导入起始行"数值框中设置从第几行开始导入，这里保持默认设置，单击 下一步(N) > 按钮，如图11-3所示。

步骤 04 在打开的"文本导入向导-第2步，共3步"对话框中的"分隔符号"栏中设置字段分隔符号，这里保持默认设置，单击 下一步(N) > 按钮，如图11-4所示。

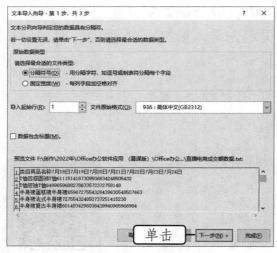

图11-3　文本导入向导　　　　　　图11-4　设置分隔符号

步骤 05 在打开的"文本导入向导-第3步，共3步"对话框中的"列数据格式"栏中设置列数据格式，这里保持默认设置，单击 完成(F) 按钮，如图11-5所示。

步骤 06 在打开的"导入数据"对话框中的"数据的放置位置"栏中选中"现有工作表"单选项，在其下方的参数框中保持默认输入的"=$A$1"文本，单击 确定 按钮，如图11-6所示。返回工作表后，可查看数据导入后的效果。

✎ **经验之谈**

选择【数据】/【获取外部数据】组中的"自Access"选项表示用户可以从数据库中导入数据，选择"自网站"选项表示用户可以从网页中导入数据，选择"自其他来源"选项表示用户可以从其他来源中获取数据，选择"现有链接"选项表示用户可以从常用来源中导入数据。

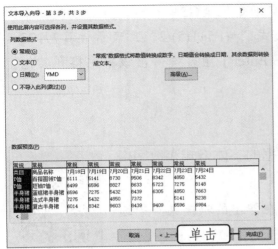

图11-5 设置列数据格式

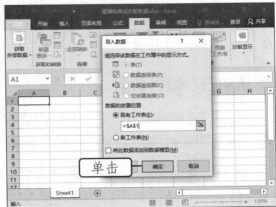

图11-6 设置数据的放置位置

活动二 清理数据

导入数据后，小艾发现有几处数据缺失，因此她准备用一个样本统计数据代替缺失的数据，以实现清理数据的目的，具体操作如下。

微课视频

清理数据

步骤 01 选择A1:I34单元格区域，在【开始】/【编辑】组中单击"查找和选择"按钮，在弹出的下拉列表中选择"定位条件"选项，如图11-7所示。

步骤 02 在打开的"定位条件"对话框中选中"空值"单选项，再单击 确定 按钮，如图11-8所示。

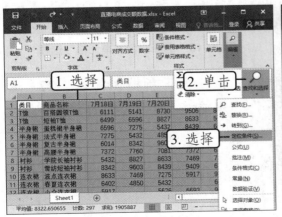

图11-7 选择"定位条件"选项

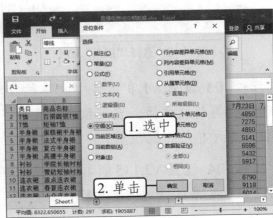

图11-8 定位空值单元格

步骤 03 返回工作表后，可看见系统自动定位至G5单元格，且其他空值单元格均处于选择状态。在编辑框中输入公式"=(F5+H5)/2"，表示计算7月22日前后两天成交额的平均值，并按【Ctrl+Enter】组合键得出该单元格和其他空值单元格的计算结果。

活动三　编辑数据

整理完数据后，小艾还需要设置数据的字体格式和数字格式，以及调整行高和列宽，具体操作如下。

步骤 01 选择第1行，单击鼠标右键，在弹出的快捷菜单中选择"插入"命令，如图11-9所示。

步骤 02 在A1单元格中输入"直播电商成交额数据单位/元"文本。选择A1:I1单元格区域，在【开始】/【对齐方式】组中单击"合并后居中"按钮右侧的下拉按钮，在弹出的下拉列表中选择"合并单元格"选项，如图11-10所示。

图11-9　选择"插入"命令

图11-10　选择"合并单元格"选项

步骤 03 设置A1单元格中文本的字体格式为"方正新楷体简体、22、加粗"，再将文本插入点定位至"直播……"文本前，一直按空格键，直至文本位于单元格的中间位置。

步骤 04 设置A2:I35单元格区域的字体格式为"宋体、居中、10"，再让A2:I2单元格区域的内容加粗显示。

步骤 05 根据单元格内容适当调整列宽，再统一设置"行高"为"18"。

步骤 06 选择C3:I35单元格区域，在【开始】/【数字】组中单击"数字格式"下拉列表框右侧的下拉按钮▼，在弹出的下拉列表中选择"其他数字格式"选项，如图11-11所示。

步骤 07 在打开的"设置单元格格式"对话框中的"分类"列表框中选择"数值"选项，在右侧的"小数位数"数值框中输入"0"，勾选"使用千位分隔符"复选框，如图11-12所示，单击 确定 按钮。

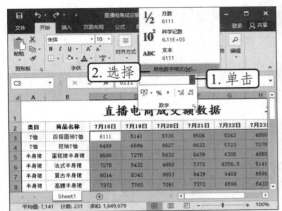

图11-11　选择"其他数字格式"选项　　　　图11-12　设置单元格格式

任务二　美化工作表

任务描述

导入并编辑数据后，小艾汇总了各个商品的总成交额以及每日的成交额，接着她想将这些汇总数据所在的单元格突出显示，并为其设置字体格式和添加底纹，但操作起来比较烦琐。此时李经理建议她为汇总数据所在的单元格应用Excel内置的单元格样式，如果不满意其效果，还可以自定义单元格样式，于是小艾准备先新建单元格样式，然后再应用新建的单元格样式。

任务实施

活动一　新建单元格样式

听了李经理的建议后，小艾先为基础数据套用了Excel内置的表格样式，然后再新建了单元格样式，具体操作如下。

微课视频

新建单元格样式

步骤 01 选择A2:I35单元格区域，在【开始】/【样式】组中单击"套用表格格式"按钮，在弹出的下拉列表中选择"中等深浅"栏中的"表样式中等深浅2"选项。

步骤 02 保持单元格区域的选择状态，在【表格工具 设计】/【工具】组中单击"转换为区域"按钮，将其转换为普通区域。

步骤 03 在【开始】/【样式】组中单击"单元格样式"按钮，在弹出的下拉列表中选择"新建单元格样式"选项，如图11-13所示。

步骤 04 在打开的"样式"对话框中的"样式名"文本框中输入"汇总数据"文本，在"包括样式(例子)"栏中取消勾选"保护"复选框，单击 格式(O)... 按钮，如图11-14所示。

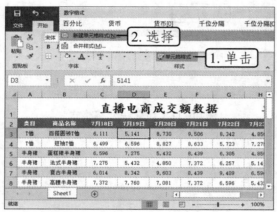
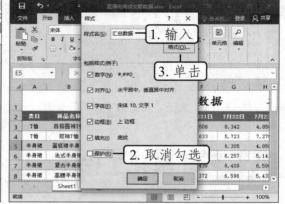

图11-13 选择"新建单元格样式"选项　　　图11-14 选择样式类型

步骤 05 在打开的"设置单元格格式"对话框中保持"数字"选项卡中的默认设置，然后单击"对齐"选项卡，在"文本控制"栏中勾选"缩小字体填充"复选框，如图11-15所示。

步骤 06 单击"字体"选项卡，在"字体"下拉列表中选择"思源黑体 CN Bold"选项，在"字形"下拉列表中选择"倾斜"选项，在"字号"下拉列表中选择"11"选项，如图11-16所示。

步骤 07 单击"边框"选项卡，保持默认的线条样式，在"颜色"下拉列表中选择"蓝色,个性色1,深色25%"选项，在"预置"栏中单击"外边框"按钮，如图11-17所示。

步骤 08 单击"填充"选项卡，单击 填充效果(I)... 按钮，在打开的"填充效果"对话框中的"颜色1"下拉列表中选择"橙色,个性色2,淡色60%"选项，在"颜色2"下拉列表中选择"金色,个性色4,淡色60%"选项，在"底纹样式"栏中选中"角部辐射"单选项，单击 确定 按钮，如图11-18所示。

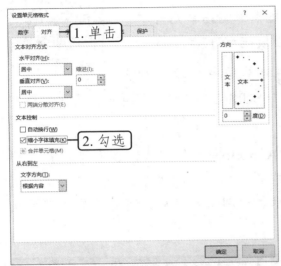

图11-15 设置对齐样式

图11-16 设置字体样式

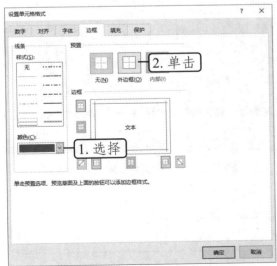

图11-17 设置边框样式

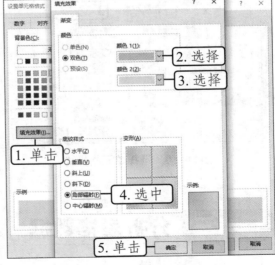

图11-18 设置填充效果

步骤 09 返回"设置单元格格式"对话框，单击 确定 按钮，返回"样式"对话框，确认新设置的单元格样式无误后，单击 确定 按钮。

活动二　使用新建的单元格样式

新建完单元格样式后，小艾准备利用 SUM() 函数计算出各种商品的总成交额以及每日的总成交额，并为该数据所在的单元格应用新建的单元格样式，具体操作如下。

步骤 01 在J2单元格中输入"汇总"文本，在J3单元格中输入公式"=SUM(C3:I3)"，再将公式向下填充至J35单元格中。

步骤 02 合并A36:B36单元格区域并使其居中，输入"合计"文本后，在C36单元格中输入公式"=SUM(C3:C35)"，再将公式向右填充至J36单元格中。

步骤 03 同时选择J2:J35单元格区域和A36:J36单元格区域，在【开始】/【样式】组中单击"单元格样式"按钮，在弹出的下拉列表中选择"自定义"栏中的"汇总数据"选项，如图11-19所示。返回工作表后，可查看应用单元格样式后的效果，如图11-20所示。

图11-19　选择单元格样式

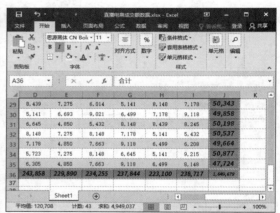

图11-20　应用单元格样式后的效果

任务三　分析表格数据

任务描述

根据李经理的要求，小艾在汇总完数据后，还要对数据进行分析，包括统计总成交额在50000元以上的商品有多少种，哪些T恤的销量比较好，各个商品每日的成交额有多少，以及各种连衣裙在最后一天的成交额是多少等，以便为接下来的销售方向提供数据支持。

任务实施

活动一 使用COUNTIF()函数

由于工作表中的数据较多，一个一个地找会比较麻烦，所以小艾准备使用 COUNTIF() 函数进行统计，具体操作如下。

步骤 01 在L2单元格中输入"总成交额大于50000元的商品数量"文本，调整其列宽后，选择M2单元格，再在【公式】/【函数库】组中单击"其他函数"按钮，在弹出的下拉列表中选择"统计"选项，在弹出的子列表中选择"COUNTIF"选项，如图11-21所示。

微课视频

使用 COUNTIF
函数

步骤 02 在打开的"函数参数"对话框中的"Range"参数框中输入"J3:J35"，在"Criteria"参数框中输入">50000"，再单击 确定 按钮，如图11-22所示。

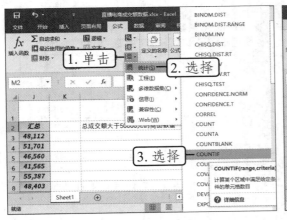

图11-21 选择函数

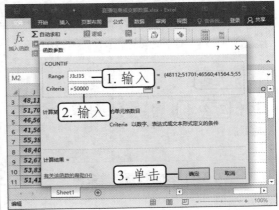

图11-22 设置函数参数

步骤 03 返回工作表后，M2单元格中将自动显示结果"18"，该结果表示有18件商品在这7天的销售直播中总成交额超过了50000元。

> **经验之谈**
>
> COUNTIF()函数可用于计算某个区域中满足给定条件的单元格数目，其语法结构：COUNTIF(Range,Criteria)。上述公式"=COUNTIF(J3:J35,">50000")"表示在J3:J35单元格区域中统计出成交额在50000元以上的单元格数目。

👤 活动二　筛选数据

统计出总成交额超过 50000 元的商品数量后，小艾还需要找出哪些 T 恤的总成交额在 53500 元以上，具体操作如下。

步骤 01 选择数据区域中的任意一个单元格，在【数据】/【排序和筛选】组中单击"筛选"按钮 🔻，进入筛选状态。

步骤 02 单击A2单元格右侧的下拉按钮 🔽，在弹出的下拉列表中取消勾选"全选"复选框，勾选"T恤"复选框，如图11-23所示，再单击 [确定] 按钮。

步骤 03 单击J2单元格右侧的下拉按钮 🔽，在弹出的下拉列表中选择"数字筛选"选项，在弹出的子列表中选择"大于"选项，如图11-24所示。

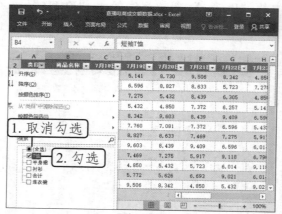

图11-23　设置筛选条件

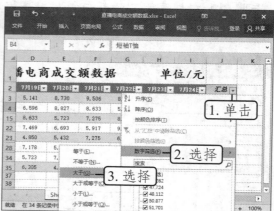

图11-24　选择筛选条件

步骤 04 在打开的"自定义自动筛选方式"对话框中的"大于"右侧的文本框中输入"53500"，单击 [确定] 按钮，如图11-25所示。返回工作表后，可查看筛选出来的结果，如图11-26所示。

✏️ 经验之谈

选择数据区域后，在【数据】/【排序和筛选】组中单击"高级"按钮 🔻，在打开的"高级筛选"对话框中输入筛选的列表区域和条件区域后，便可筛选出同时满足两个或两个以上条件的数据。

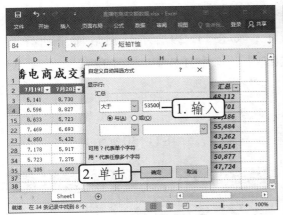

图11-25 设置筛选条件

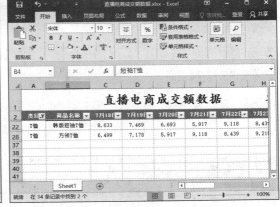

图11-26 查看筛选结果

活动三 创建和编辑数据透视表

通过筛选的方式统计商品每日的成交额较烦琐，还可能会出错，于是小艾准备使用数据透视表进行统计，具体操作如下。

微课视频

创建和编辑数据透视表

步骤 01 单击"筛选"按钮，退出筛选状态。在【插入】/【表格】组中单击"数据透视表"按钮，如图11-27所示。

步骤 02 在打开的"创建数据透视表"对话框中保持默认设置，单击 确定 按钮，如图11-28所示。

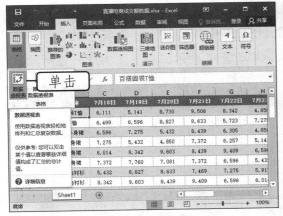

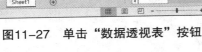

图11-27 单击"数据透视表"按钮

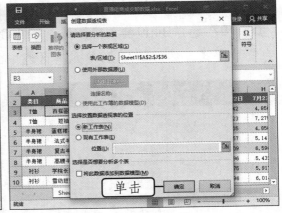

图11-28 设置数据透视表的位置

步骤 03 系统将在"Sheet1"工作表左侧新建一个"Sheet2"工作表，且自动打开"数据透视表字段"任务窗格。

步骤 04 将鼠标指针移至"字段"列表框中的"类目"字段上，当鼠标指针变成形状时，将其拖曳至"行"区域中，如图11-29所示，然后使用同样的方法将"7月18日""7月19日""7月20日""7月21日""7月22日""7月23日""7月24日""汇总"字段添加到"值"区域中。

步骤 05 在【数据透视表工具 设计】/【布局】组中单击"报表布局"按钮，在弹出的下拉列表中选择"以大纲形式显示"选项，如图11-30所示。

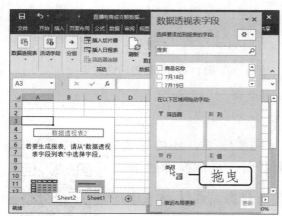

图11-29 添加字段

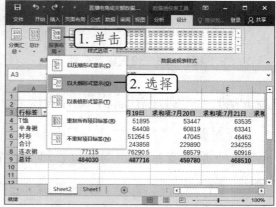

图11-30 调整报表布局

步骤 06 在【数据透视表工具 设计】/【数据透视表样式】组中单击"其他"按钮，在弹出的下拉列表中选择"中等深浅"栏中的"数据透视表样式中等深浅2"选项，如图11-31所示。

步骤 07 选择B4:I9单元格区域，按【Ctrl+Shift+4】组合键，将其中的数字转换为货币形式，然后使A3:I9单元格区域中的内容居中显示，效果如图11-32所示。

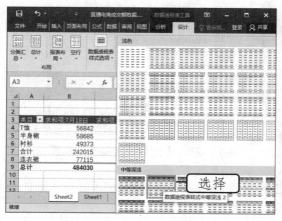

图11-31 选择数据透视表样式

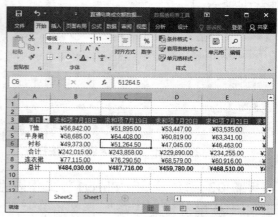

图11-32 数据透视表效果

知识窗

数据透视表主要由数据源、数据透视表区域、"字段"列表框、"筛选器"区域、"列"区域、"行"区域、"值"区域等部分组成，如图11-33所示。

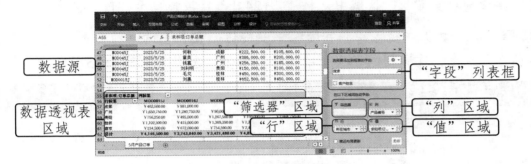

图11-33　数据透视表的组成

- **数据源**：数据透视表根据数据源中的数据创建，数据源可以与数据透视表存放在同一工作表中，也可以存放在不同的工作表或工作簿中。
- **数据透视表区域**：用于显示创建的数据透视表，包含筛选字段区域、行字段区域、列字段区域和值字段区域。
- **"字段"列表框**：包含数据透视表中所需数据的字段，在该列表框中勾选或取消勾选字段标题对应的复选框，可以更改数据透视表中展示的数据。
- **"筛选器"区域**：移动到该区域中的字段即筛选字段，将在数据透视表的筛选字段区域中显示。
- **"列"区域**：移动到该区域中的字段即列字段，将在数据透视表的列字段区域中显示。
- **"行"区域**：移动到该区域中的字段即行字段，将在数据透视表的行字段区域中显示。
- **"值"区域**：移动到该区域中的字段即值字段，将在数据透视表的值字段区域中显示。

知识窗

👤 活动四　创建和编辑数据透视图

分析完商品的每日总成交额后，小艾准备为连衣裙商品的数据创建数据透视图并进行编辑，具体操作如下。

步骤 01 选择"Sheet1"工作表中的A2:I35单元格区域，在【插入】/【图表】组中单击"数据透视图"按钮，如图11-34所示。

微课视频

创建和编辑数据透视图

步骤 02 在打开的"创建数据透视图"对话框中保持默认设置，单击 确定 按钮，系统将在"Sheet1"工作表左侧新建一个"Sheet3"工作表。

步骤 03 在"Sheet3"工作表的"数据透视图字段"任务窗格中将"商品名称"字段拖曳至"行"区域中，将"7月24日"字段拖曳至"值"区域中。

步骤 04 在数据透视图中单击 商品名称▼ 按钮，在弹出的下拉列表中选择"标签筛选"选项，在弹出的子列表中选择"包含"选项，如图11-35所示。

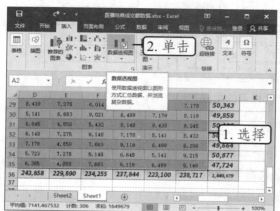

图11-34 单击"数据透视图"按钮　　　　图11-35 选择筛选条件

步骤 05 在打开的"标签筛选(商品名称)"对话框中的"包含"右侧的文本框中输入"连衣裙"文本，单击 确定 按钮，如图11-36所示。

步骤 06 将图表标题修改为"7月24日连衣裙成交额汇总"，在【数据透视图工具 设计】/【图表样式】组中单击"快速样式"按钮，在弹出的下拉列表中选择"样式4"选项，为数据系列添加数据标签，如图11-37所示。

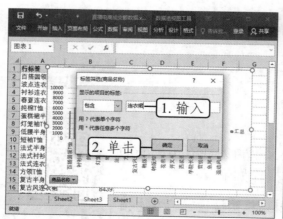 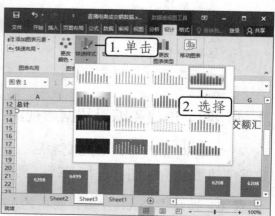

图11-36 设置筛选条件　　　　　　图11-37 设置数据透视图样式

步骤 07 再将"Sheet2"工作表重命名为"数据透视表分析",将"Sheet3"工作表重命名为"数据透视图分析"(配套资源:\效果\项目十一\直播电商成交额数据.xlsx)。

技能提升

技能一　将数据分列	技能二　为数据透视表创建分组	技能三　插入切片器筛选数据

同步实训

通过对"直播电商成交额数据"表格的分析,小艾不仅巩固了获取数据和美化工作表的方法,还掌握了筛选数据和使用数据透视图表分析数据的方法。为了进一步熟悉相关操作,小艾继续分析"网店业绩表"表格和"客户订单记录统计表"表格。

实训一　分析"网店业绩表"表格

公司最近新来了一名客服,在她正式上岗后,为了了解她近期的销售情况,李经理便让小艾制作一份"网店业绩表"表格,要求在计算出目标完成情况、转化率、退款率等指标后,还要用数据透视表分析这段时间内销售额的最大值和总退款金额,以及平均转化率和平均退款率。

【制作效果与思路】

本例制作的"网店业绩表"数据透视表效果如图 11-38 所示(配套资源:\效果\项目十一\网店业绩表.xlsx),具体制作思路如下。

(1)打开"网店业绩表"表格(配套资源:\素材\项目十一\网店业绩表.xlsx),在D3单元格中输入公式"=IF(C3>=B3,"完成","未完成")",在H3单元格中输入公式"=F3/E3",在J3单元格中输入公式"=G3/F3",在K3单元格中输入公式"=I3/E3",在N3单元格中输入公式"=L3/F3",并将各公式填充至相应列的其他单元格中。

(2)创建数据透视表后,将"业绩目标""有效订单数"字段拖曳至"筛选器"区域,将"日期""是否达成目标"字段拖曳至"行"区域，将"销售额""退款金额""转化率""退款率"字段拖曳至"值"区域，然后为数据透视表应用"数据透视表样式中等深浅10"样式。

（3）选择B4单元格，单击鼠标右键，在弹出的快捷菜单中选择"值汇总依据"命令，在弹出的子菜单中选择"最大值"命令，然后使用同样的方式设置D4单元格和E4单元格的值汇总依据为"平均值"。

（4）将B5:C33单元格区域的数字转换为货币形式，再选择D5:E33单元格区域，按【Ctrl+Shift+5】组合键，将其中的数字转换为百分比形式。

（5）让B5:E33单元格区域中的内容居中显示，再降序排列数据透视表中的内容。

	A	B	C	D	E	F
1	业绩目标	（全部）				
2	有效订单数	（全部）				
3						
4	行标签	最大值项:销售额	求和项:退款金额	平均值项:转化率	平均值项:退款率	
5	⊟14号	¥6,000.00	¥600.00	70%	17%	
6	完成	¥6,000.00	¥600.00	70%	17%	
7	⊟12号	¥5,000.00	¥700.00	63%	35%	
8	完成	¥5,000.00	¥700.00	63%	35%	
9	⊟7号	¥3,500.00	¥200.00	75%	20%	
10	完成	¥3,500.00	¥200.00	75%	20%	
11	⊟8号	¥3,500.00	¥100.00	59%	11%	
12	完成	¥3,500.00	¥100.00	59%	11%	
13	⊟10号	¥3,000.00	¥230.00	33%	40%	
14	未完成	¥3,000.00	¥230.00	33%	40%	
15	⊟13号	¥3,000.00	¥300.00	33%	20%	
16	未完成	¥3,000.00	¥300.00	33%	20%	
17	⊟3号	¥2,500.00	¥300.00	40%	25%	

Sheet2　Sheet1　⊕

图11-38　"网店业绩表"数据透视表效果

实训二　分析"客户订单记录统计表"表格

公司要统计8月份的销售记录和客户订单记录，于是李经理把这个任务交给了小艾，要求她在导入数据后，用数据透视图表分析新进员工沈星的销售情况。

【制作效果与思路】

本例制作的"客户订单记录统计表"数据透视图表效果如图 11-39 所示（配套资源：\效果\项目十一\客户订单记录统计表.xlsx），具体制作思路如下。

（1）新建并保存"客户订单记录统计表"表格，导入"客户订单记录统计表.txt"文档（配套资源：\素材\项目十一\客户订单记录统计表.txt）中的内容。

（2）为A1:K1单元格应用内置的"40%-着色6"单元格样式，设置F2:I41单元格区域的数字为货币形式，再使A1:K41单元格区域中的内容居中显示。

（3）插入数据透视表，将"销售人员"字段拖曳至"筛选器"区域，将"产品名称"字段拖曳至"行"区域，将"售价""利润"字段拖曳至"值"区域，再设置数据透视表以表格形式显示。

（4）选择数据透视表中的任意一个单元格，在【数据透视表工具 分析】/【工具】组中单击"数据透视图"按钮，创建"簇状柱形图"样式的数据透视图。

（5）为数据透视图应用"样式7"图表样式，再为数据系列添加数据标签。

（6）单击B2单元格中的"筛选"按钮，在弹出的下拉列表中选择"沈星"选项，数据透视表与数据透视图中将只显示沈星的数据。

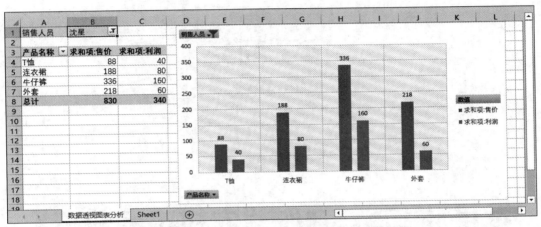

图11-39　"客户订单记录统计表"数据透视图表效果

模块五
电子商务

项目十二 制作"农村电商分析"演示文稿

职场情境

　　公司准备开通农村电子商务（简称"农村电商"）服务，因此公司内部打算召开一个相关会议。李经理便安排小艾根据企划部提供的"农村电商分析"文档制作一个演示文稿，用以在会议上演示。

　　在制作演示文稿前，为了提高制作效率，小艾先设置了幻灯片母版，然后丰富了演示文稿中的内容，之后设置了幻灯片的放映方式，最后还根据需要导出并打印了演示文稿。

学习目标

知识目标

（1）掌握设置幻灯片母版的方法。

（2）掌握设置排练计时的方法。

（3）掌握在放映演示文稿过程中添加注释的方法。

（4）掌握导出演示文稿和打印幻灯片的方法。

技能目标

（1）能够根据需要对幻灯片母版进行设计，使演示文稿拥有统一的效果。

（2）能够根据排练计时的时间放映演示文稿。

（3）能够在放映过程中标记出重点。

（4）能够根据需要将演示文稿导出为不同的文件格式。

素养目标

（1）培养审美意识、创新意识，提高演示文稿的美观度。

（2）树立科学的学习态度和团结协作的工作作风。

案例效果

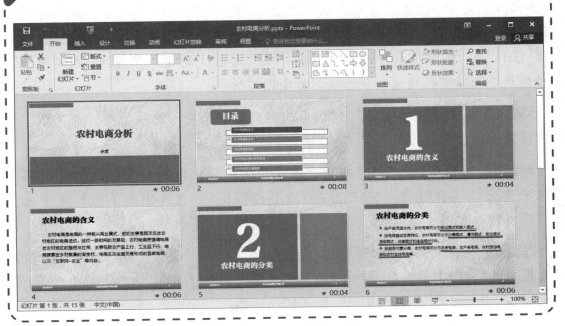

任务一　设置幻灯片母版

任务描述

幻灯片母版是一种特殊的幻灯片，如果在其中设置了某种字体、内容或对象，则所有应用了该母版的幻灯片都将自动应用这些设置。在李经理的指导下，小艾将通过设置字体格式、页眉和页脚、背景等为演示文稿设置幻灯片母版。

任务实施

活动一　设置母版文本的字体格式

在制作演示文稿前，小艾先新建并保存了演示文稿，然后在母版中设置了各文本的字体、字号、颜色、段落格式和项目符号等，具体操作如下。

微课视频

设置母版文本的
字体格式

步骤 01 新建并保存"农村电商分析"演示文稿，在【视图】/【母版视图】组中单击"幻灯片母版"按钮，如图12-1所示，进入幻灯片母版视图。

步骤 02 选择第1张幻灯片中的标题占位符，设置字体格式为"方正特雅宋简、60、加粗"。选择该张幻灯片中的正文占位符，设置字体为"方正兰亭细黑_GBK"，然后在【开始】/【段落】组中单击"行距"按钮，在弹出的下拉列表中选择"行距选项"选项，如图12-2所示。

步骤 03 在打开的"段落"对话框的"缩进和间距"选项卡中的"间距"栏中设置行距值为"1.3"，再单击 确定 按钮，如图12-3所示。

步骤 04 保持第1张幻灯片中正文占位符的选择状态，在【开始】/【段落】组中单击"项目符号"按钮右侧的下拉按钮，在弹出的下拉列表中选择"项目符号和编号"选项。

步骤 05 在打开的"项目符号和编号"对话框的"项目符号"选项卡中的列表框中选择第1排的第4个样式，在"颜色"下拉列表中选择"蓝色,个性色1,深色25%"选项，单击 确定 按钮，如图12-4所示。

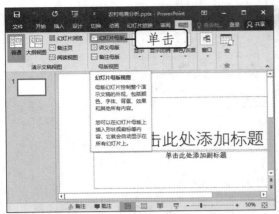

图12-1 单击"幻灯片母版"按钮

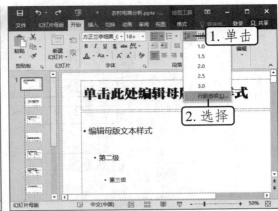

图12-2 选择"行距选项"选项

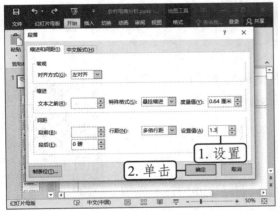

图12-3 设置段落行距

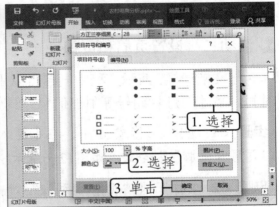

图12-4 设置项目符号

步骤 06 选择第2张幻灯片中的标题占位符,设置字体颜色为"深红色",再设置该张幻灯片中副标题占位符的字号为"28",并加粗显示。

💡 **知识窗**

幻灯片母版中有母版幻灯片、标题幻灯片和版式幻灯片 3 类,如图 12-5 所示,不同类型的幻灯片有不同的呈现结果。

- **母版幻灯片**:默认为第1张幻灯片,可称为通用幻灯片,在其中设置的效果将应用到下方的所有幻灯片中。
- **标题幻灯片**:默认为第2张幻灯片,用于设置演示文稿中标题幻灯片的布局、结构、格式等。
- **版式幻灯片**:该幻灯片的设置只对应用了该版式的幻灯片有效,如设置"标题和内容"版式幻灯片,则其设置只对"标题和内容"幻灯片起作用。

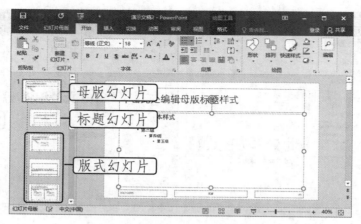

图12-5　幻灯片母版视图

知识窗

👤 活动二　设置页眉和页脚

与文档一样，演示文稿中同样可以用页眉和页脚显示日期、时间、当前幻灯片编号等附加信息，具体操作如下。

步骤 01 选择第1张幻灯片，在【插入】/【文本】组中单击"页眉和页脚"按钮📄，如图12-6所示。

步骤 02 在打开的"页眉和页脚"对话框的"幻灯片"选项卡中的"幻灯片包含内容"栏中勾选"日期和时间""幻灯片编号""页脚"复选框，在"日期和时间"栏中选中"固定"单选项，在"页脚"复选框下方的文本框中输入"江苏松达运营有限公司"文本，勾选"标题幻灯片中不显示"复选框，单击 全部应用(Y) 按钮，如图12-7所示。

微课视频

设置页眉和页脚

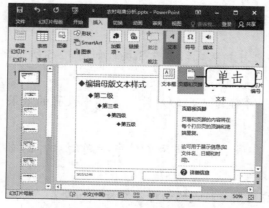

图12-6　单击"页眉和页脚"按钮

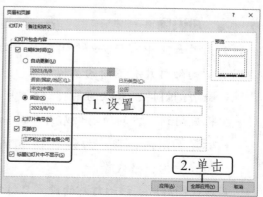

图12-7　设置页眉和页脚

步骤 03 同时选择时间文本框、页脚文本框和编号文本框，将其向下移动，并设置字体为"方正黑体简体"、字号为"14"、字体颜色为"白色,背景1"。

活动三 设置母版背景

设置完页眉和页脚后，小艾准备设置幻灯片母版的背景，具体操作如下。

微课视频

设置母版背景

步骤 01 选择第1张幻灯片，在【幻灯片母版】/【背景】组中单击"背景样式"按钮，在弹出的下拉列表中选择"设置背景格式"选项，如图12-8所示。

步骤 02 在打开的"设置背景格式"任务窗格中的"填充"栏中选中"图片或纹理填充"单选项，在"插入图片来自"栏中单击 文件(F) 按钮，如图12-9所示。

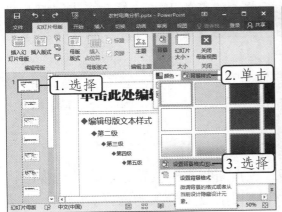

图12-8 选择"设置背景格式"选项

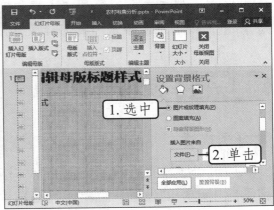

图12-9 设置背景格式

步骤 03 在打开的"插入图片"对话框中选择"项目十二"文件夹中的"背景图片.jpg"图片（配套资源：\素材\项目十二\背景图片.jpg），单击 插入(S) ▼ 按钮。

步骤 04 返回幻灯片后，在"设置背景格式"任务窗格中设置图片"透明度"为"30%"，单击"关闭"按钮 关闭该任务窗格，如图12-10所示。

步骤 05 在第1张幻灯片的页面顶端插入"形状填充"和"形状轮廓"均为"蓝色,个性色1"的矩形，再将该形状复制粘贴至该页面的底端。

步骤 06 设置底端形状的宽度与页面同宽，再将其置于底层，接着在【绘图工具 格式】/【形状样式】组中单击"其他"按钮 ，在弹出的下拉列表中选择"预设"栏中的"渐变填充-蓝色,强调颜色1,无轮廓"选项，如图12-11所示。

图12-10　设置图片透明度

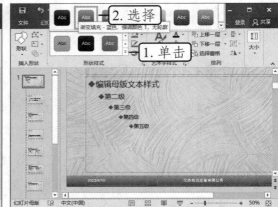
图12-11　设置形状样式

步骤 07 在第2张幻灯片中插入相同颜色的矩形，调整高度后，使其位于时间文本框、页脚文本框、编号文本框和副标题占位符的下方，然后在【幻灯片母版】/【关闭】组中单击"关闭母版视图"按钮 ❎，退出幻灯片母版视图。

任务二　使用母版

📋 任务描述

通过母版设置好演示文稿的字体格式、页眉和页脚及背景后，普通视图将自动应用母版的设置，且新建的幻灯片也将自动应用母版的设置。因此，小艾接下来就只需要新建标题和内容幻灯片，并在幻灯片普通视图中将占位符中的内容修改为与农村电商相关的信息。

📋 任务实施

小艾准备先在封面页中输入演示文稿的标题和制作人，然后再在新建的幻灯片中输入农村电商的相关内容，具体操作如下。

步骤 01 在第1张幻灯片的标题占位符中输入"农村电商分析"文本，在副标题占位符中输入"小艾"文本，接着将标题占位符向上移动，将副标题占位符向下移动，使标题和副标题之间留有一定的空隙。

步骤 02 在幻灯片浏览窗格中单击以进行定位，再按【Enter】键新建一张幻

微课视频

使用母版

灯片，在新建的幻灯片的标题占位符中输入"目录"文本。

步骤 03 为了使"目录"文本突出显示，需要单独设置其字号为"54"、字体颜色为"白色,背景1"，然后删除下方的正文占位符。

步骤 04 插入"形状填充"和"形状轮廓"均为"蓝色,个性色1"的圆角矩形，再将标题占位符置于圆角矩形之上。

步骤 05 同时选择圆角矩形和标题占位符，单击鼠标右键，在弹出的快捷菜单中选择"组合"命令，在弹出的子菜单中选择"组合"命令，如图12-12所示。

步骤 06 在下方的空白区域插入"垂直框列表"样式的SmartArt图形，在其中输入相应内容后，调整SmartArt图形的大小，再设置其颜色为"彩色范围-个性色5至6"。

步骤 07 新建第3张幻灯片，在标题占位符中输入"农村电商的含义"文本，设置字体颜色为"白色,背景1"，并取消加粗显示，然后删除下方的正文占位符。

步骤 08 在第3张幻灯片下方的空白区域插入一个"形状填充"和"形状轮廓"均为"蓝色,个性色1"的矩形，再插入一个"形状填充"和"形状轮廓"均为"灰色-50%,个性色3"的矩形。

步骤 09 将标题占位符移至蓝色矩形上，然后在【插入】/【文本】组中单击"艺术字"按钮A，在弹出的下拉列表中选择"填充-白色,轮廓-着色1,发光-着色1"选项，如图12-13所示。

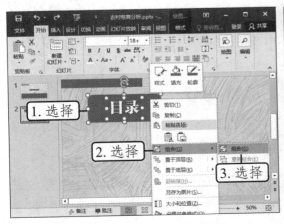

图12-12　组合形状和占位符

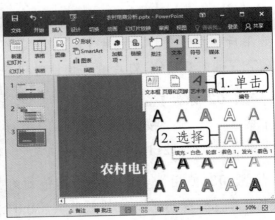

图12-13　选择艺术字样式

步骤 10 在艺术字文本框中输入"1"，并设置字体格式为"方正风雅宋简体、287、加粗"。

步骤 11 新建第4张幻灯片，将标题占位符修改为"农村电商的含义"，删除正文占位符中的项目符号，并在其中输入"农村电商分析.docx"文档（配套资源：\素材\项目十二\农村电商分析.docx）中的相关内容。

步骤 12 使用同样的方法新建其他幻灯片，并在新建的幻灯片中输入相应的内容，然后复制粘贴第1张幻灯片至最后，修改"农村电商分析"为"谢谢"，并删除"小艾"文本及其占位符。

任务三 放映幻灯片

任务描述

李经理要求小艾在放映演示文稿时设置排练计时，以便演示文稿能够按照排练的时间和顺序自动播放。此外，李经理还要求小艾设置幻灯片的放映方式并为幻灯片添加注释，以此来标识演示文稿中的重要内容。

任务实施

活动一 排练计时

为了在放映演示文稿时能更好地掌握时间，小艾准备为幻灯片设置排练计时，具体操作如下。

微课视频

排练计时

步骤 01 为幻灯片添加切换效果并为幻灯片中的对象添加动画效果后，在【幻灯片放映】/【设置】组中单击"排练计时"按钮，进入第1张幻灯片的排练计时状态，如图12-14所示。

步骤 02 录制完第1张幻灯片后，单击或单击"录制"工具栏中的"下一项"按钮➡切换到第2张幻灯片，且"录制"工具栏中的时间将从零开始，如图12-15所示。

步骤 03 使用同样的方法为其他幻灯片进行排练计时。当所有幻灯片都放映结束后，将弹出"幻灯片放映共需0:01:26。是否保留新的幻灯片计时？"提示对话框，单击 是(Y) 按钮进行保存，如图12-16所示。

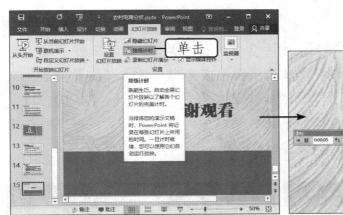

图12-14　排练计时

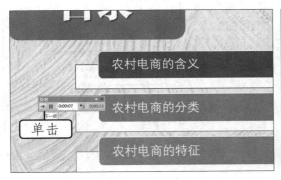

图12-15　继续排练计时

图12-16　保存排练计时

✎ 经验之谈

　　如果要取消排练计时，则可在【切换】/【计时】组中取消勾选"设置自动换片时间"复选框，删除其右侧数值框中的数值，再单击该组中的"全部应用"按钮，取消整个演示文稿的排练计时。

👤 活动二　设置幻灯片放映方式

　　排练计时结束后，小艾还需要根据放映目的和场合的不同，设置幻灯片的放映类型、放映选项、放映幻灯片的范围及换片方式等，具体操作如下。

步骤 01 在【幻灯片放映】/【开始放映幻灯片】组中单击"自定义幻灯片放映"按钮，在弹出的下拉列表中选择"自

微课视频

设置幻灯片放映方式

定义放映"选项，如图12-17所示。

步骤 02 在打开的"自定义放映"对话框中单击 新建(N)... 按钮，在打开的"定义自定义放映"对话框中的"幻灯片放映名称"文本框中输入"主要内容"文本，在"在演示文稿中的幻灯片"列表框中选中第1、2、4、6、8、10、11、13、14、15这10张幻灯片，单击 添加(A) 按钮将其添加到"在自定义放映中的幻灯片"列表框中，单击 确定 按钮，如图12-18所示。

图12-17 选择"自定义放映"选项

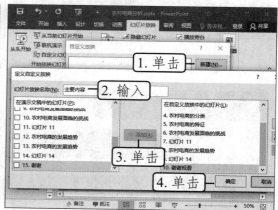

图12-18 自定义放映设置

步骤 03 返回"自定义放映"对话框，单击"关闭"按钮⊠，返回演示文稿。在【幻灯片放映】/【设置】组中单击"设置幻灯片放映"按钮 ，在打开的"设置放映方式"对话框中的"放映类型"栏中选中"演讲者放映(全屏幕)"单选项，在"放映选项"栏中勾选"循环放映，按Esc键终止"复选框，在"放映幻灯片"栏中选中"自定义放映"单选项，在下方的下拉列表中选择"主要内容"选项，在"换片方式"栏中选中"如果存在排练时间，则使用它"单选项，单击 确定 按钮，如图12-19所示。

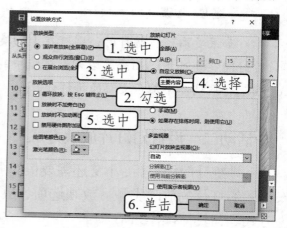

图12-19 设置放映方式

步骤 04 演示文稿将以"演讲者放映(全屏幕)"方式进行放映，然后按

【F5】键或在【幻灯片放映】/【开始放映幻灯片】组中单击"从头开始"按钮，使演示文稿按自定义的放映设置进行放映。

活动三 在放映过程中添加注释

在放映演示文稿时，小艾为了使一些重要内容更加醒目，方便进行着重讲解，准备通过添加注释来勾画出重点，具体操作如下。

微课视频

在放映过程中添加注释

步骤 01 按【F5】键进入演示文稿的放映状态，当演示文稿放映至第6张幻灯片时，单击鼠标右键，在弹出的快捷菜单中选择"指针选项"命令，在弹出的子菜单中选择"荧光笔"命令，如图12-20所示。

步骤 02 单击鼠标右键，在弹出的快捷菜单中选择"指针选项"命令，在弹出的子菜单中选择"墨迹颜色"中的"红色"，如图12-21所示。

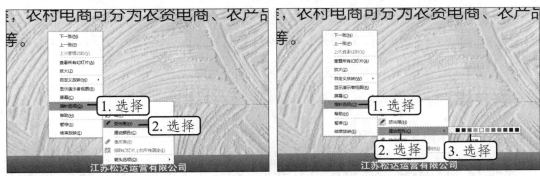

图12-20 选择"荧光笔"命令　　　图12-21 选择颜色

步骤 03 此时鼠标指针将变成形状，拖曳鼠标圈出重点内容或在需要标注的重点内容下方画横线，如图12-22所示。

步骤 04 使用同样的方法为其他内容添加注释。若想退出标注状态，则可再次选择"指针选项"子菜单中的"荧光笔"命令。

步骤 05 演示文稿放映结束后，按【Esc】键退出放映状态，此时将打开"是否保留墨迹注释？"提示对话框，单击"保留"按钮，如图12-23所示，墨迹注释就会显示在幻灯片中。

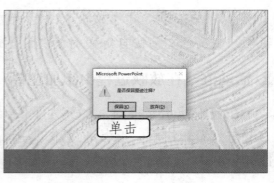

图12-22　标注内容　　　　　　　　　　图12-23　保留墨迹注释

任务四　导出演示文稿

👤 任务描述

　　李经理告诉小艾，演示文稿制作完成后，如果要在其他计算机中播放，则可将其打包，这样即使其他计算机中没有安装PowerPoint，也可以正常播放该演示文稿。除了打包演示文稿外，李经理还要求小艾将演示文稿导出为PDF文档、Word文档和视频文件。

👤 任务实施

👤 活动一　打包演示文稿

　　将制作完成的演示文稿保存在计算机中后，小艾准备打包演示文稿，具体操作如下。

微课视频

打包演示文稿

步骤 01 选择【文件】/【导出】命令，在打开的"导出"界面中选择"将演示文稿打包成CD"选项，在右侧单击"打包成CD"按钮🔘，如图12-24所示。

步骤 02 在打开的"打包成CD"对话框中的"将CD命名为"文本框中输入"农村电商分析"文本，单击 复制到文件夹(F)... 按钮，打开"复制到文件夹"对话框，在"文件夹名称"文本框中输入"农村电商分析"文本，单击 浏览(B)... 按钮，设置文件夹的保存位置，单击 确定 按钮，如图12-25所示。

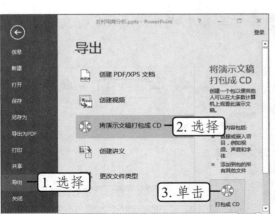

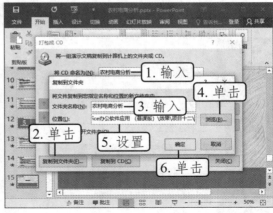

图12-24　单击"打包成CD"按钮　　　　图12-25　打包成CD

步骤 03 系统开始导出CD文件，导出完成后，可在保存位置双击文件以查看导出的CD文件（配套资源：\效果\项目十二\农村电商分析）。

活动二　输出为PDF文档

为了保护幻灯片中的内容不被篡改，以及真实再现原稿中的每一个字符、颜色及图像，小艾准备将演示文稿输出为 PDF 文档，具体操作如下。

微课视频

输出为 PDF 文档

步骤 01 选择【文件】/【导出为PDF】命令，在打开的"正在导出"对话框中设置PDF文档的保存位置，如图12-26所示。

步骤 02 系统开始导出PDF文档，并显示导出进度条。导出完成后，可在保存位置双击文件以查看导出的PDF文档（配套资源：\效果\项目十二\农村电商分析.pdf）。

活动三　输出为Word文档

为了更加方便地编辑和使用演示文稿，小艾准备将演示文稿输出为 Word 文档，具体操作如下。

微课视频

输出为 Word 文档

步骤 01 选择【文件】/【另存为】命令，在打开的"另存为"界面中选择"浏览"选项，打开"另存为"对话框，选择文件的保存位置并保持默认文件名后，在"保存类型"下拉列表中选择"大纲/RTF(*.rtf)"选项，单击 保存(S) 按钮，如图12-27所示。

步骤 02 系统开始导出Word文档，导出完成后，可在保存位置双击文件以查看导出的Word文档（配套资源：\效果\项目十二\农村电商分析.rtf）。

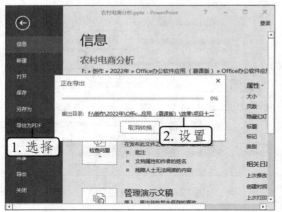

图12-26　输出为PDF

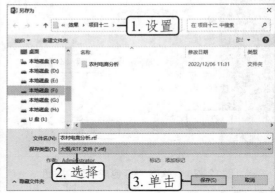

图12-27　输出为Word文档

活动四　输出为视频文件

小艾准备将演示文稿导出为视频文件，使他人可以通过播放器查看演示文稿中的内容，具体操作如下。

微课视频

输出为视频文件

步骤 01 选择【文件】/【导出】命令，在打开的"导出"界面中选择"创建视频"选项，在右侧单击"创建视频"按钮，如图12-28所示。

步骤 02 在打开的"另存为"对话框中选择文件的保存位置并保持默认文件名后，在"保存类型"下拉列表中选择"Windows Media 视频(*.wmv)"选项，单击 **保存(S)** 按钮，如图12-29所示。

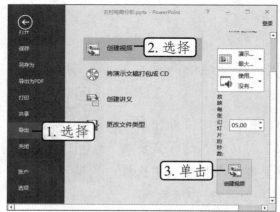

图12-28　单击"创建视频"按钮

图12-29　输出为视频文件

步骤 03 系统开始导出视频文件，导出完成后，可在保存位置双击文件以查看导出的视频文件（配套资源：\效果\项目十二\农村电商分析.wmv）。

任务五　打印幻灯片

任务描述

当小艾将制作完成的演示文稿和导出的文件传送给李经理审查后，李经理要求小艾将演示文稿打印出来，以便留档查阅。

任务实施

确保演示文稿中的内容无误后，小艾便准备打印输出演示文稿，具体操作如下。

微课视频

打印幻灯片

步骤 01 选择【文件】/【打印】命令，在打开的"打印"界面中选择连接好的打印机后，设置单面打印和彩色打印，然后单击"编辑页眉和页脚"超链接。

步骤 02 在打开的"页眉和页脚"对话框中勾选"日期和时间""幻灯片编号""页脚""标题幻灯片中不显示"复选框，再单击 全部应用(Y) 按钮。

步骤 03 返回"打印"界面后，在"份数"数值框中输入"5"，再单击"打印"按钮🖶。具体操作如图12-30所示。

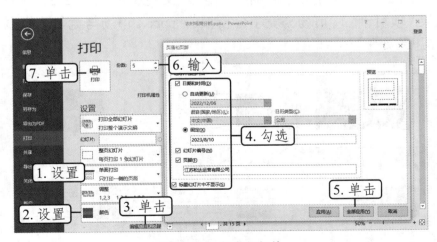

图12-30　打印幻灯片

技能提升

技能一 用放大镜
查看幻灯片

技能二 在同一演示
文稿中应用多个主题

技能三 用"显示"
代替"放映"

同步实训

通过制作"农村电商分析"演示文稿，小艾不仅熟练掌握了设置幻灯片母版的方法，还掌握了设置排练计时和设置幻灯片放映方式的方法，以及导出和打印演示文稿的方法。为了进一步熟悉相关操作，小艾继续制作"市场与竞争分析报告"演示文稿和"农产品电商运营"演示文稿。

实训一 制作"市场与竞争分析报告"演示文稿

为了能战胜竞争对手，李经理让小艾制作一份"市场与竞争分析报告"演示文稿，并要求小艾为制作完成的演示文稿设置排练计时，再将其输出为 PDF 文件。

【制作效果与思路】

本例制作的"市场与竞争分析报告"演示文稿效果如图 12-31 所示（配套资源：\效果\项目十二\市场与竞争分析报告 .pptx、市场与竞争分析报告 .pdf），具体制作思路如下。

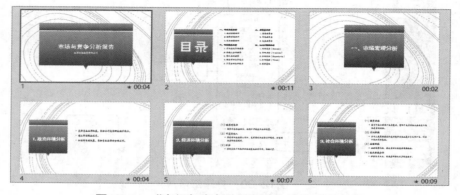

图12-31 "市场与竞争分析报告"演示文稿效果

（1）打开"市场与竞争分析报告"演示文稿（配套资源：\素材\项目十二\市场与竞争分析报告.pptx），添加切换效果和动画效果后，进入排练计时状态，录制每张幻灯片的放映时间，并对放映时间进行保存。

（2）在"设置放映方式"对话框中设置幻灯片的"放映类型"为"演讲者放映(全屏幕)"，"放映选项"为"循环放映，按Esc键终止"，"放映幻灯片"为"全部"，"换片方式"为"如果存在排练时间，则使用它"。

（3）将演示文稿输出为PDF文档。

👤 实训二　制作"农产品电商运营"演示文稿

李经理让小艾制作一份"农产品电商运营"演示文稿，要求使用母版制作，并设置排练计时，同时还要将制作完成的演示文稿输出为 Word 文档和视频文件，最后再打印输出 6 份。

【制作效果与思路】

本例制作的"农产品电商运营"演示文稿效果如图 12-32 所示（配套资源：\效果\项目十二\农产品电商运营.pptx、农产品电商运营.rtf、农产品电商运营.wmv），具体制作思路如下。

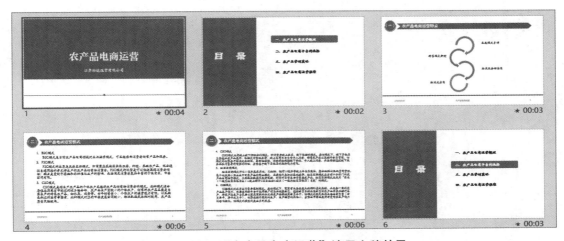

图12-32　"农产品电商运营"演示文稿效果

（1）新建并保存"农产品电商运营"演示文稿，进入母版视图，在第1张幻灯片中插入各种形状，并设置标题占位符的字体格式为"方正风雅宋简体、60"，设置字体颜色为"白色,背景1"，设置正文占位符的字体为"方正精品楷体_GBK"，然后为正文占位符添加项目符号。

（2）插入页眉和页脚，其中页眉的日期和时间为"2023/8/16"，页脚为"农产品电商运营"。

（3）在第2张幻灯片中插入矩形，并使其置于底层，再设置标题占位符和正文占位符的字体颜色为"白色,背景1"。

（4）退出母版视图，输入"农产品电商运营.docx"文档（配套资源：\效果\项目十二\农产品电商运营.docx）中的内容。

（5）添加切换效果和动画效果后，进入排练计时状态，录制每张幻灯片的放映时间，并对放映时间进行保存。

（6）设置放映方式后，将演示文稿输出为Word文档和视频文件，并彩色打印6份。

Office

常用快捷键

人民邮电出版社

北　京

Word 常用快捷键

表 1　文本操作

快捷键	含义	快捷键	含义
Ctrl+Shift++	应用上标格式（自动间距）	Ctrl+Shift+K	将字母变为小型大写字母
Ctrl+Shift+Z	取消人工设置的字符格式	Ctrl+=	应用下标格式（自动间距）
Ctrl+Shift+<	缩小字号	Ctrl+Shift+>	增大字号
Ctrl+]	逐磅增大字号	Ctrl+D	改变字符格式
Ctrl+[	逐磅减小字号	Ctrl+Shift+*	显示非打印字符
Ctrl+Shift+Q	将文字设为 Symbol 字体	Shift+F1	需查看文字格式了解其格式的文字
Ctrl+Shift+F	改变字体	Ctrl+Shift+P	改变字号
Shift+F3	切换字母大小写	Ctrl+Shift+C	复制格式
Ctrl+Shift+A	将所选字母设为大写	Ctrl+Shift+V	粘贴格式
Ctrl+B	应用加粗格式	Ctrl+1	单倍行距
Ctrl+U	应用下划线格式	Ctrl+2	双倍行距

快捷键	含义	快捷键	含义
Ctrl+Shift+W	只给字、词加下划线，不给空格加下划线	Ctrl+5	1.5 倍行距
Ctrl+Shift+H	应用隐藏文字格式	Ctrl+0	在段前添加一行间距
Ctrl+I	应用倾斜格式	Ctrl+E	段落居中
Ctrl+L	左对齐	Ctrl+J	两端对齐
Ctrl+R	右对齐	Ctrl+Shift+S	应用样式
Ctrl+Shift+D	分散对齐	Alt+Ctrl+K	启动"自动套用格式"
Ctrl+M	左侧段落缩进	Ctrl+Shift+N	应用"正文"样式
Ctrl+Shift+M	取消左侧段落缩进	Alt+Ctrl+1	应用"标题1"样式
Ctrl+T	创建悬挂缩进	Alt+Ctrl+2	应用"标题2"样式
Ctrl+Shift+T	减小悬挂缩进量	Alt+Ctrl+3	应用"标题3"样式
Ctrl+Q	取消段落格式	Ctrl+Shift+L	应用"列表"样式
Ctrl+F3	剪切至"图文场"	Shift+Enter	插入换行符

表 2　插入特殊字符

快捷键	含义	快捷键	含义
Ctrl+Enter	插入分页符	Ctrl+Shift+ 空格键	插入不间断空格
Ctrl+Z	撤销上一步操作	Alt+Ctrl+C	插入版权符号
Ctrl+Shift+Enter	插入列分隔符	Alt+Ctrl+R	插入注册商标符号

续表

快捷键	含义	快捷键	含义
Ctrl+−	插入可选连字符	Alt+Ctrl+T	插入商标符号
Ctrl+Shift+−	插入不间断连字符	Alt+Ctrl+.	插入省略号

表3　选定文字和图形

快捷键	含义	快捷键	含义
Shift+→	将选定范围扩展至右侧的一个字符	Ctrl+Shift+↓	将选定范围扩展至段尾
Ctrl+F9	插入域	Ctrl+Shift+↑	将选定范围扩展至段首
Shift+←	将选定范围扩展至左侧的一个字符	Ctrl+Shift+→	将选定范围扩展至单词结尾
Shift+↓	将选定范围扩展至下一行	Ctrl+Shift+←	将选定范围扩展至单词开始
Shift+↑	将选定范围扩展至上一行	Shift+PageDown	将选定范围扩展至下一屏
Ctrl+A	选择整篇文档	F8+ 方向键	将选定范围扩展至文档中的某个位置（按 Esc 键取消选定模式）
Ctrl+Shift+Home	将选定范围扩展至文档开始处	Shift+PageUp	将选定范围扩展至上一屏

快捷键	含义	快捷键	含义
Ctrl+Shift+End	将选定范围扩展至文档结尾处	Shift+End	将选定范围扩展至行尾
Alt+Ctrl+Shift+PageDown	将选定范围扩展至窗口结尾	Shift+Home	将选定范围扩展至行首

表 4　选定表格中的文字

快捷键	含义	快捷键	含义
Tab	选定下一单元格的内容	按住 Shift 键并重复按某方向键	将所选内容扩展到相邻单元格
Shift+Tab	选定上一单元格的内容	Ctrl+Shift+F8，再按方向键	扩展所选内容（或块）
Shift+F8	缩小所选内容	Alt+5	选定整张表格（NumLock 键处于关闭状态）

表 5　移动插入点

快捷键	含义	快捷键	含义
←	左移一个字符	Alt+Ctrl+PageUp	移至窗口顶端
→	右移一个字符	Alt+Ctrl+PageDown	移至窗口结尾
↑	上移一行	End	移至行尾
↓	下移一行	Tab	光标移至一行中的下一个单元格

续表

快捷键	含义	快捷键	含义
Alt+End	光标移至一行中的最后一个单元格	Shift+Tab	光标移至一行中的上一个单元格
Alt+PageUp	光标移至一列中的第一个单元格	Alt+Home	光标移至一行中的第一个单元格
在表格中插入段落和制表符	移至下页顶端	Alt+PageDown	光标移至一列中的最后一个单元格
Home	移至行首	↑	上一行
Ctrl+←	左移一个单词	Ctrl+↑	上移一段
Ctrl+→	右移一个单词	Ctrl+↓	下移一段
PageUp	上移一屏（滚动）	↓	下一行
PageDown	下移一屏（滚动）	Ctrl+PageDown	移至下页顶端
Ctrl+Tab	在单元格中插入制表符	Enter	在单元格中插入新段落
Ctrl+PageUp	移至上页顶端	Ctrl+Home	移至文档开头
Ctrl+End	移至文档结尾		

表6　用于处理文档的快捷键

快捷键	含义	快捷键	含义
Ctrl+N	创建与当前或最近使用文档类型相同的新文档	Alt+Ctrl+Z	返回页、书签、表格、批注、图形或其他位置

续表

快捷键	含义	快捷键	含义
Ctrl+O	打开文档	Alt+Ctrl+Home	浏览文档
Ctrl+W	关闭文档	Esc	取消操作
Alt+Ctrl+S	拆分文档窗口	Ctrl+Z	撤销操作
Ctrl+S	保存文档	Ctrl+Y	恢复或重复操作
Ctrl+F	查找文字、格式和特殊项	Alt+Ctrl+P	切换到页面视图
Alt+Ctrl+Y	在关闭"查找和替换"对话框之后重复查找	Ctrl+G	定位至页、书签、脚注、表格、注释、图形或其它位置
Ctrl+H	替换文字、特殊格式和特殊项	Ctrl+\	在主控文档和子文档之间移动
Alt+Ctrl+N	切换到普通视图	Alt+Ctrl+O	切换到大纲视图
Alt+Shift+C	撤销拆分文档窗口		

表7 用于审阅文档的快捷键

快捷键	含义	快捷键	含义
Alt+Ctrl+M	插入批注	End	定位至批注结尾
Ctrl+End	定位至一组批注结尾处	Ctrl+Home	定位至批注起始处
Home	定位至批注开始	Ctrl+Shift+E	打开或关闭标记修订

表 8 用于处理引用、脚注和尾注的快捷键

快捷键	含义	快捷键	含义
Alt+Shift+O	标记目录项	Alt+Ctrl+F	插入脚注
Alt+Shift+I	标记引文目录项	Alt+Ctrl+E	插入尾注
Alt+Shift+X	标记索引项		

表 9 用于处理域的快捷键

快捷键	含义	快捷键	含义
Alt+Shift+D	插入 Date 域	Ctrl+Shift+F9	解除域的链接
Alt+Ctrl+L	插入 Listnum 域	F11	定位至下一域
Shift+F9	在域代码和其结果之间进行切换	Shift+F11	定位至前一域
Alt+Shift+T	插入 Time 域	Ctrl+F9	插入空域
Ctrl+Shift+F7	更新 Word 源文档中的链接信息	Alt+F9	在所有的域代码及其结果间进行切换
Alt+Shift+P	插入 Page 域	Ctrl+F11	锁定域
F9	更新所选域	Ctrl+Shift+F11	解除对域的锁定

表 10　用于处理文档大纲的快捷键

快捷键	含义	快捷键	含义
Alt+Shift+←	提升段落级别	Alt+Shift+↑	上移所选段落
Alt+Shift+→	降低段落级别	Alt+Shift+↓	下移所选段落
Ctrl+Shift+N	降级为正文	Alt+Shift++	扩展标题下的文本
Alt+Shift+-	折叠标题下的文本	数字键盘上的斜杠（/）	隐藏或显示字符格式
Alt+Shift+A	扩展或折叠所有文本或标题	Alt+Shift+1	显示所有具有"标题1"样式的标题
Alt+Shift+L	只显示首行正文或显示全部正文	Alt+Shift+n（n 指标题级别）	显示从"标题1"到"标题 n"的所有标题

表 11　用于进行邮件合并的快捷键

快捷键	含义	快捷键	含义
Alt+Shift+K	预览邮件合并	Alt+Shift+M	打印已合并的文档
Alt+Shift+N	合并文档	Alt+Shift+F	插入合并域
Alt+Shift+E	编辑邮件合并数据文档		

表 12　用于处理 Web 页的快捷键

快捷键	含义	快捷键	含义
Ctrl+K	插入超级链接	Alt+→	前进一页
Alt+←	返回一页	F9	刷新

表 13　用于打印和预览文档的按键

快捷键	含义	快捷键	含义
Ctrl+P	打印文档	Ctrl+F2	打印预览
Alt+Ctrl+I	切换至或退出打印预览页面	PageU 或 PageDown	在缩小显示比例时逐页翻阅预览页
Ctrl+End	在缩小显示比例时移至最后一张预览页	Ctrl+Home	在缩小显示比例时移至第一张预览页

表 14　用于 Office 助手的快捷键

快捷键	含义	快捷键	含义
F1	获得 Office 助手（助手处于显示状态）的帮助	Alt+ 数字键	从助手列表中选择帮助主题（Alt+1 代表第一个主题以此类推）
Alt+F6	激活 Office 助手气球	Alt+↓	查看更多的帮助主题
Esc	关闭助手消息或提示	Alt+↑	查看前面的帮助主题

表 15　在帮助窗口中工作

快捷键	含义	快捷键	含义
Alt+ 空格键	显示程序"控制"菜单	Alt+F4	关闭活动的帮助窗口
Alt+O	显示"选项"菜单以访问帮助工具栏中的命令		

表 16　在定位窗格中移动

快捷键	含义	快捷键	含义
Ctrl+Tab	切换到下一选项卡	Ctrl+Shift+Tab	切换到前一选项卡
↑	选择前一书籍或帮助主题	Enter	打开或关闭所选书籍，或打开所选帮助主题
Alt+C	切换到"目录"选项卡	Alt+I	切换到"索引"选项卡
↓	选择下一书籍或帮助主题		

表 17　在主题窗格中移动

快捷键	含义	快捷键	含义
Alt+←	返回查看过的帮助主题	↓	向帮助主题的结尾处滚动
Alt+→	前往查看过的帮助主题	Esc	关闭弹出的窗口
Tab	转到第一个或下一超级链接	PageUp	以更大的增量向帮助主题的开始处滚动
Shift+Tab	转到最后或前一超级链接	PageDown	以更大的增量向帮助主题的结尾处滚动
Enter	激活所选超级链接	Home	移动到帮助主题的开始
↑	向帮助主题的开始处滚动	End	移动到帮助主题的结尾
Ctrl+A	选定整个帮助主题	Ctrl+P	打印当前帮助主题
Ctrl+C	将选定内容复制到"剪贴板"		

表 18　用于菜单的快捷键

快捷键	含义	快捷键	含义
Esc	关闭显示的菜单。若显示子菜单时，只关闭子菜单	Home 或 End	选择菜单或子菜单中第一个或者最后一个命令
Alt+ 空格键	显示程序标题栏上的程序图标菜单	Alt	同时关闭显示的菜单和子菜单
Alt+Ctrl+−	从菜单中删除命令	F10	激活菜单栏
← 或 →	选择左边或者右边的菜单，或者在显示子菜单时，在主菜单和子菜单之间切换	Alt+Ctrl+=	将工具栏按钮添至菜单。当按此快捷键后单击工具栏按钮时，会将按钮添至适当的菜单
↓ 或 ↑	选择菜单或子菜单中下一个或前一个命令	Alt+Ctrl++	为菜单命令自定义快捷键

表 19　用于窗口和对话框的快捷键

快捷键	含义	快捷键	含义
Alt+Tab	切换至下一个程序或 Word 文档窗口	Ctrl+F6	切换至下一个 Word 文档窗口
Alt+Shift+Tab	切换至上一个程序或 Word 文档窗口	Ctrl+F5	将已最大化的活动文档窗口还原
Ctrl+F8	在文档窗口不处于最大化状态时按方向键，并按 Enter 键执行"大小"命令	Ctrl+F7	在文档窗口不处于最大化状态时按方向键，并按 Enter 键执行"移动"命令
Ctrl+F10/Alt+F10	最大化文档窗口	Ctrl+Shift+F6	切换至上一文档窗口

表20　在对话框中移动

快捷键	含义	快捷键	含义
Tab	移至下一个选项	Esc	取消命令并关闭对话框
Ctrl+Tab	切换至对话框中的下一个选项卡	Ctrl+Shift+Tab	切换至对话框中的上一个选项卡
Alt+↓ （选中列表时）	打开所选列表	Esc （选中列表时）	关闭所选列表
Shift+Tab	移至上一个选项，箭头在所选列表中的选项间移动	Alt+ 字母键	选中或者取消选中或包含该字母（带有下划线）的选项名称旁的复选框
空格键	执行所选按钮的操作；选中或取消选中复选框	Enter	执行对话框中默认按钮的指定操作

表21　用于"打开"和"另存为"对话框的快捷键

快捷键	含义	快捷键	含义
Alt+6	在"列表"、"详细资料"、"属性"和"预览"视图之间切换	Alt+3	关闭对话框，并打开搜索引擎
Alt+7	显示"工具"菜单	Ctrl+F12	打开"打开"对话框
F5	刷新对话框中的文件	F12	显示"另存为"对话框
Alt+4	删除所选文件夹或文件	Alt+1	转到上一文件夹
Alt+5	在打开的文件夹中创建新子文件夹		

表22　用于发送电子邮件的快捷键

快捷键	含义	快捷键	含义
Alt+S	发送当前文档或邮件	Ctrl+Shift+B	打开通讯录
Alt+P	打开 Microsoft Outlook "邮件选项" 对话框	Shift+Tab	选择电子邮件标题的前一个域或按钮
Alt+K	检查"收件人"、"抄送"和"密件抄送"中与通讯录不一致的名称	Tab	当电子邮件标题中的最后一个文本框处于活动状态时，选择电子邮件标题中的下一个文本框或选择邮件或文档的正文
Alt+.	在"收件人"域中打开通讯录	Alt+C	在"抄送"域中打开通讯录
Alt+J	转到"主题"域	Ctrl+Shift+G	创建邮件标志
Alt+Shift+F	插入邮件合并域	Alt+Shift+E	打开邮件合并数据源
Alt+Shift+M	将邮件合并结果发送到打印机	Alt+B	在"密件抄送"域中打开通讯录

Excel 常用快捷键

表 1 "助手"气球中的快捷键

快捷键	含义	快捷键	含义
Alt+ 数字	从列表中选择"帮助"主题	Alt+O	打开"Office 助手"对话框
Alt+↑	显示上一个"帮助"主题	Esc	关闭"助手"消息或提示
Alt+↓	显示其他"帮助"主题	F1	显示"助手"气球

表 2 "帮助"窗口中的快捷键

快捷键	含义	快捷键	含义
F6	在"帮助"主题与"目录"、"应答向导"和"索引"窗格之间切换	Alt+O，再按 T	隐藏或显示"目录"、"应答向导"和"索引"选项卡
Tab	选择下一个隐藏的文本或超级链接	Shift+Tab	选择上一个隐藏的文本或超级链接
Alt+O	显示"选项"菜单	Alt+O，再按 H	返回指定的主页

快捷键	含义	快捷键	含义
Alt+O，再按 S	停止打开"帮助"主题	Alt+F4	关闭"帮助"窗口
Alt+O，再按 B	显示上一个查看过的主题	Alt+O，再按 F	在以前显示的主题序列中显示下一个主题

表3 "目录"、"索引"和"应答向导"窗格中的快捷键

快捷键	含义	快捷键	含义
Ctrl+Tab	切换到下一个选项卡	Alt+C	切换到"目录"选项卡
Alt+A	切换到"应答向导"选项卡	Alt+I	切换到"索引"选项卡
Enter	打开选择的"帮助"主题	↓	选择下一个"帮助"主题
↑	选择上一个"帮助"主题	Shift+F10	显示快捷菜单

表4 "帮助主题"窗格中的快捷键

快捷键	含义	快捷键	含义
Alt+ →	转到下一个"帮助"主题	Alt+←	转到上一个"帮助"主题
PageDown	以较大的距离向"帮助"主题的结束方向滚动	PageUp	以较大的距离向"帮助"主题的开始方向滚动
Home	跳至"帮助"主题的开始	End	跳至"帮助"主题的结束

续表

快捷键	含义	快捷键	含义
Ctrl+P	打印当前"帮助"主题	Ctrl+A	选择整个"帮助"主题
Ctrl+C	将选择项复制到剪贴板中	Shift+F10	显示快捷菜单

表5 用于处理文档的快捷键

快捷键	含义	快捷键	含义
Ctrl+N	创建与当前或最近使用过的文档类型相同的新文档	Alt+Ctrl+Z	返回至页、书签、脚注、表格、批注、图形或其他位置
Ctrl+O	打开文档	Alt+Ctrl+Home	浏览文档
Ctrl+W	关闭文档	Esc	取消操作
Alt+Ctrl+S	拆分文档窗口	Ctrl+Z	撤销操作
Ctrl+S	保存文档	Ctrl+Y	恢复或重复操作
Ctrl+F	查找文字、格式和特殊项	Alt+Ctrl+P	切换到页面视图
Alt+Ctrl+Y	在关闭"查找和替换"对话框之后重复查找	Ctrl+G	定位至页、书签、脚注、表格、注释、图形或其它位置
Ctrl+H	替换文字、特殊格式和特殊项	Ctrl+\	在主控文档和子文档之间移动
Alt+Ctrl+N	切换到普通视图	Alt+Ctrl+O	切换到大纲视图
Alt+Shift+C	撤销拆分文档窗口		

表 6 用于审阅文档的快捷键

快捷键	含义	快捷键	含义
Alt+Ctrl+M	插入批注	End	定位至批注结尾
Ctrl+Shift+E	打开或关闭标记修订功能	Ctrl+Home	定位至一组批注的起始处
Home	定位至批注开始	Ctrl+End	定位至一组批注的结尾处

表 7 用于处理引用、脚注和尾注的快捷键

快捷键	含义	快捷键	含义
Alt+Shift+O	标记目录项	Alt+Ctrl+F	插入脚注
Alt+Shift+I	标记引文目录项	Alt+Ctrl+E	插入尾注
Alt+Shift+X	标记索引项		

表 8 用于处理域的快捷键

快捷键	含义	快捷键	含义
Alt+Shift+D	插入 Date 域	Ctrl+Shift+F9	解除域的链接
Alt+Ctrl+L	插入 Listnum 域	F11	定位至下一域

快捷键	含义	快捷键	含义
Alt+Shift+P	插入 Page 域	Shift+F11	定位至前一域
Ctrl+F9	插入空域	Alt+Shift+T	插入 Time 域
Alt+F9	在所有的域代码及其结果间进行切换	Shift+F9	在域代码和其结果之间进行切换
Ctrl+Shift+F7	更新源文档中的链接信息	Ctrl+F11	锁定域
F9	更新所选域	Ctrl+Shift+F11	解除对域的锁定

表9 用于处理文档大纲的快捷键

快捷键	含义	快捷键	含义
Alt+Shift+←	提升段落级别	Alt+Shift+↑	上移所选段落
Alt+Shift+→	降低段落级别	Alt+Shift+↓	下移所选段落
Ctrl+Shift+N	降级为正文	Alt+Shift++	扩展标题下的文本
Alt+Shift+−	折叠标题下的文本	数字键盘上的(/)	隐藏或显示字符格式
Alt+Shift+A	扩展或折叠所有文本或标题	Alt+Shift+1	显示所有具有"标题1"样式的标题
Alt+Shift+L	只显示首行正文或显示全部正文	Alt+Shift+n（n 指标题级别）	显示从"标题1"到"标题 n"的所有标题

表10 用于进行邮件合并的快捷键

快捷键	含义	快捷键	含义
Alt+Shift+K	预览邮件合并	Alt+Shift+M	打印已合并的文档
Alt+Shift+N	合并文档	Alt+Shift+F	插入合并域
Alt+Shift+E	编辑邮件合并数据文档		

表11 用于处理 Web 页的快捷键

快捷键	含义	快捷键	含义
Ctrl+K	插入超级链接	Alt+→	前进一页
Alt+←	返回一页	F9	刷新

表12 用于打印和预览文档的按键

快捷键	含义	快捷键	含义
Ctrl+P	打印文档	Ctrl+F2	打印预览
Alt+Ctrl+I	切换或退出打印预览页面	PageU 或 PageDown	缩小显示比例时逐页预览
Ctrl+End	在缩小显示比例时移至最后一张预览页	Ctrl+Home	在缩小显示比例时移至第一张预览页

表 13　用于 Office 助手的快捷键

快捷键	含义	快捷键	含义
F1	获得 Office 助手（助手处于显示状态）的帮助	Alt+ 数字键	Alt+1 代表选择助手列表中第一个主题以此类推
Alt+F6	激活 Office 助手气球	Alt+↓	查看更多的帮助主题
Esc	关闭助手消息或提示	Alt+↑	查看前面的帮助主题

表 14　在帮助窗口中工作

快捷键	含义	快捷键	含义
Alt+ 空格键	显示程序"控制"菜单	Alt+F4	关闭活动的帮助窗口
Alt+O	显示"选项"菜单以访问帮助工具栏中的命令		

表 15　在定位窗格中移动

快捷键	含义	快捷键	含义
Ctrl+Tab	切换到下一选项卡	Ctrl+Shift+Tab	切换到前一选项卡
↑	选择前一书籍或帮助主题	↓	选择下一书籍或帮助主题
Alt+C	切换到"目录"选项卡	Alt+I	切换到"索引"选项卡
Enter	打开或关闭所选书籍，或打开所选帮助主题		

表16 在主题窗格中移动

快捷键	含义	快捷键	含义
Alt+←	返回查看过的帮助主题	↓	向帮助主题的结尾处滚动
Alt+→	前往查看过的帮助主题	Esc	关闭弹出的窗口
Tab	转到第一个或下一超级链接	PageUp	以更大的增量向帮助主题的开始处滚动
Shift+Tab	转到最后或前一超级链接	Ctrl+C	选定内容复制到"剪贴板"
Enter	激活所选超级链接	Home	移动到帮助主题的开始
↑	向帮助主题的开始处滚动	End	移动到帮助主题的结尾
Ctrl+A	选定整个帮助主题	Ctrl+P	打印当前帮助主题
PageDown	以更大的增量向帮助主题的结尾处滚动		

表17 用于菜单的快捷键

快捷键	含义	快捷键	含义
F10	激活菜单栏	Alt+Ctrl+−	从菜单中删除命令
Alt+ 空格键	显示程序标题栏上的程序图标菜单	Alt	同时关闭显示的菜单和子菜单

快捷键	含义	快捷键	含义
↓ 或 ↑	选择菜单或子菜单中下一个或前一个命令	Home 或 End	选择菜单或子菜单中第一个或者最后一个命令
Alt+Ctrl++	为菜单命令自定义快捷键	Esc	关闭显示的菜单。若显示子菜单时，只关闭子菜单
← 或 →	选择左边或者右边的菜单，或者在显示子菜单时，在主菜单和子菜单之间切换	Alt+Ctrl+=	当按此快捷键后单击工具栏按钮，会将按钮添至适当的菜单

表 18　用于窗口和对话框的快捷键

快捷键	含义	快捷键	含义
Alt+Tab	切换至下一程序或文档	Ctrl+F6	切换至下一文档窗口
Alt+Shift+Tab	切换至上一个程序或 Word 文档窗口	Ctrl+F5	将已最大化的活动文档窗口还原
Ctrl+F10/Alt+F10	最大化文档窗口	Ctrl+Shift+F6	切换至上一个文档窗口

表 19　在对话框中移动

快捷键	含义	快捷键	含义
Tab	移至下一个选项	Esc	取消命令并关闭对话框

续表

快捷键	含义	快捷键	含义
Ctrl+Tab	切换至对话框中的下一个选项卡	Alt+↓ （选中列表时）	打开所选列表
Ctrl+Shift+Tab	切换至对话框中的上一个选项卡	Esc （选中列表时）	关闭所选列表
Shift+Tab	移至上一个选项，箭头在所选列表中的选项间移动	Enter	执行对话框中默认按钮的指定操作
空格键	执行所选按钮的操作；选中或取消选中复选框	Alt+ 字母键	选中或者取消选中或包含该字母（带有下划线）的选项名称旁的复选框

表20　用于"打开"和"另存为"对话框的快捷键

快捷键	含义	快捷键	含义
Alt+6	在"列表"、"详细资料"、"属性"和"预览"视图间切换	Alt+3	关闭对话框，并打开搜索引擎
Alt+7	显示"工具"菜单	Ctrl+F12	打开"打开"对话框
F5	刷新对话框中的文件	F12	显示"另存为"对话框
Alt+4	删除所选文件夹或文件	Alt+1	转到上一文件夹
Alt+5	在打开的文件夹中创建新子文件夹		

表21 用于发送电子邮件的快捷键

快捷键	含义	快捷键	含义
Alt+S	发送当前文档或邮件	Ctrl+Shift+B	打开通讯录
Alt+P	打开 Microsoft Outlook "邮件选项"对话框	Shift+Tab	选择电子邮件标题的前一个域或按钮
Alt+K	检查"收件人"、"抄送"和"密件抄送"中与通讯录不一致的名称	Tab	当电子邮件标题中最后一个文本框处于活动状态时，选择下一个文本框或选择邮件或文档的正文
Alt+.	在"收件人"域中打开通讯录	Alt+Shift+M	将邮件合并结果发送到打印机
Alt+C	在"抄送"域中打开通讯录	Alt+B	在"密件抄送"域中打开通讯录
Alt+Shift+F	插入邮件合并域	Alt+Shift+E	打开邮件合并数据源
Alt+J	转到"主题"域	Ctrl+Shift+G	创建邮件标志

PowerPoint 常用快捷键

表 1　对象编辑快捷键

快捷键	含义	快捷键	含义
Ctrl+A	选择全部对象或幻灯片	Ctrl+F	激活"查找"对话框
Ctrl+B	应用（解除）文本加粗	Ctrl+I	应用（解除）文本倾斜
Ctrl+C	复制	Ctrl+V	粘贴
Ctrl+D	生成对象或幻灯片的副本	Ctrl+J	段落两端对齐
Ctrl+E	段落居中对齐	Ctrl+L	使段落左对齐
Ctrl+R	使段落右对齐	Shift+F3	更改字母大小写
Ctrl+U	应用下划线	Ctrl+M	插入新幻灯片
Ctrl+Shift+ 加号	应用上标格式	Ctrl+ 等号	应用下标格式
Ctrl+N	生成新 PPT 文件	Ctrl+O	打开 PPT 文件
Ctrl+Q	关闭程序	Ctrl+S	保存当前文件
Ctrl+T	激活"字体"对话框	Ctrl+W	关闭当前文件

续表

快捷键	含义	快捷键	含义
Ctrl+X	剪切	Ctrl+Y	重复最后操作
Ctrl+Z	撤销操作	Ctrl+F4	关闭程序
Ctrl+Shift+C	复制对象格式	Ctrl+Shift+V	粘贴对象格式
Ctrl+Shift+F	更改字体	Ctrl+Shift+P	更改字号
Ctrl+Shift+G	组合对象	Ctrl+Shift+H	解除组合
Ctrl+Shift+"<"	增大字号	Ctrl+−Shift+">"	减小字号
F12	执行"另存为"命令	F4	重复最后一次操作
Shift+F4	重复最后一次查找	Alt+I+P+F	插入图片
Alt+R+G	组合对象	Alt+R+U	取消组合
Alt+R+R+T	置于顶层	Alt+R+R+K	置于底层
Alt+R+R+F	上移一层	Alt+R+R+B	下移一层
Alt+R+A+L	左对齐	Alt+R+A+R	右对齐
Alt+R+A+T	顶端对齐	Alt+R+A+B	底端对齐
Alt+R+A+C	水平居中	Alt+R+A+M	垂直居中
Alt+R+A+H	横向分布	Alt+R+P+L	向左旋转
Alt+R+P+R	向右旋转	Alt+R+P+H	水平翻转
Alt+R+P+V	垂直翻转	Alt+V+Z	放大（缩小）

表2 放映控制快捷键

快捷键	含义	快捷键	含义
F5	全屏放映	Esc	退出放映状态
N、PageDown、Enter、右箭头（→）、下箭头（↓）或空格	执行下一个动画或换页到下一张幻灯片	P、Page Up、左箭头（←）、上箭头（↑）或Backspace	执行上一个动画或返回到上一个幻灯片
B 或句号	黑屏或从黑屏返回幻灯片放映	W 或逗号	白屏或从白屏返回幻灯片放映
S 或加号	停止或重新启动自动幻灯片放映本	Ctrl+P	重新显示隐藏的指针或将指针改变成绘图笔
Ctrl+A	重新显示隐藏的指针和将指针改变成箭头	M	排练时使用鼠标单击切换到下一张幻灯片
Ctrl+X	插入超链接	Shift+Tab	转到幻灯片上的最后一个或上一个超级链接
E	擦除屏幕上的注释	H	到下一张隐藏幻灯片
O	排练时使用原设置时间	Ctrl+H	立即隐藏指针和按钮
Ctrl+U	15秒内隐藏指针和按钮	Shift+F10	显示右键快捷菜单
键入编号后按 Enter	直接切换到该张幻灯片	Ctrl+T	查看任务栏

表3　浏览 Web 演示文稿的快捷键

快捷键	含义
Tab	在 Web 演示文稿的"超级链接"、"地址"栏和"链接"栏之间进行切换
Shift+Tab	在 Web 演示文稿的"超级链接"、"地址"栏和"链接"栏之间反方向切换
Enter	执行选定超级链接的"鼠标单击"操作
空格键	转到下一张幻灯片
Backspace	转到上一张幻灯片

表4　通过邮件发送 ppt 的快捷键

快捷键	含义
Alt+S	将当前演示文稿作为电子邮件发送
Ctrl+Shift+B	打开"通讯簿"
Alt+K	在"通讯簿"中选择"收件人"、"抄送"和"密件抄送"栏中的姓名
Tab	选择电子邮件头的下一个文本框，如果电子邮件头的最后一个文本框处于激活状态，则选择邮件正文
Shift+Tab	选择邮件头中的前一个字段或按钮

表5 文本操作快捷键

快捷键	含义	快捷键	含义
Ctrl+Shift+F	修改字体，然后用↑／↓键选择	Alt+Ctrl+Shift+<	下角文字
Ctrl+Shift+P	修改磅值，然后用↑／↓键选择	Ctrl+Shift+Z	纯文本
Ctrl+Shift+>	增大字体	F7	拼写检查
Ctrl+Shift+<	减小字体	Ctrl+K	创建一个超链接
Alt+Ctrl+Shift+>	上角文字		

表6 光标操作

快捷键	含义	快捷键	含义
←	左移一个字符	Ctrl+↓	段落末尾
→	右移一个字符	Ctrl+End	文本块的末尾
↑	上面一行	Ctrl+Home	文本块的开始
↓	下面一行	End	行末尾
Ctrl+←	左边一个单词	Home	行开始
Ctrl+→	右边一个单词	Ctrl+↑	段落开始

表 7　对象操作

快捷键	含义	快捷键	含义
Tab	下一个对象	选择目标后，按住 Ctrl 并移动	复制
Shift+Tab	上一个对象	Ctrl+D	创建一个复制对象
Ctrl+A	选中所有对象